“十二五”国家重点图书出版规划项目
水产养殖新技术推广指导用书

中国水产学会
全国水产技术推广总站
组织编写

全国水产养殖主推技术

QUANGUO SHUICHAN YANGZHI ZHUTUI JISHU

钱银龙 主编

海洋出版社
2014年·北京

图书在版编目（CIP）数据

全国水产养殖主推技术／钱银龙主编. —北京：海洋出版社，2014.4（2019.1重印）
（水产养殖新技术推广指导用书）
ISBN 978-7-5027-8831-5

Ⅰ.①全… Ⅱ.①钱… Ⅲ.①水产养殖-技术 Ⅳ.①S96

中国版本图书馆CIP数据核字（2014）第043379号

责任编辑：杨 明
责任印制：赵麟苏

海洋出版社 出版发行

http://www.oceanpress.com.cn
北京市海淀区大慧寺路8号 邮编：100081
北京朝阳印刷厂有限责任公司印刷 新华书店北京发行所经销
2014年4月第1版 2019年1月第5次印刷
开本：880mm×1230mm 1/32 印张：8.125
字数：215千字 定价：24.00元
发行部：62132549 邮购部：68038093 总编室：62114335

《水产养殖新技术推广指导用书》编委会

《全国水产养殖主推技术》编委会

丛 书 序

我国的水产养殖自改革开放至今，高速发展成为世界第一养殖大国和大农业经济中的重要增长点，产业成效享誉世界。进入21世纪以来，我国的水产养殖继续保持着强劲的发展态势，为繁荣农村经济、扩大就业岗位、提高生活质量和国民健康水平作出了突出贡献，也为海、淡水渔业种质资源的可持续利用和保障“粮食安全”发挥了重要作用。

近30年来，随着我国水产养殖理论与技术的飞速发展，为养殖产业的进步提供了有力的支撑，尤其表现在应用技术处于国际先进水平，部分池塘、内湾和浅海养殖已达国际领先地位。但是，对照水产养殖业迅速发展的另一面，由于养殖面积无序扩大，养殖密度任意增高，带来了种质退化、病害流行、水域污染和养殖效益下降、产品质量安全等一系列令人堪忧的新问题，加之近年来不断从国际水产品贸易市场上传来技术壁垒的冲击，而使我国水产养殖业的持续发展面临空前挑战。

新世纪是将我国传统渔业推向一个全新发展的时期。当前，无论从保障食品与生态安全、节能减排、转变经济增长方式考虑，还是从构建现代渔业、建设社会主义新农村的长远目标出发，都对渔业科技进步和产业的可持续发展提出了更新、更高的要求。

渔业科技图书的出版，承载着新世纪的使命和时代责任，客观上要求科技读物成为面向全社会，普及新知识、努力提高渔民文化素养、推动产业高速持续发展的一支有生力量，也将成为渔业科技成果入户和展现渔业科技为社会不断输送新理念、新技术的重要工具，对基层水产技术推广体系建设、科技型渔民培训和产业的转型提升都将产生重要影响。

中国水产学会和海洋出版社长期致力于渔业科技成果的普及推广。目前在农业部渔业局和全国水产技术推广总站的大力支持下，近期出版了一批《水产养殖系列丛书》，受到广大养殖业者和社会各界的普遍欢迎，连续收到许多渔民朋友热情洋溢的来信和建议，为今后渔业科普读物的扩大出版发行积累了丰富经验。为了落实国家“科技兴渔”的战略方针、促进及时转化科技成果、普及养殖致富实用技术，全国水产技术推广总站、中国水产学会与海洋出版社紧密合作，共同邀请全国水产领域的院士、知名水产专家和生产一线具有丰富实践经验的技术人员，首先对行业发展方向和读者需求进行广泛调研，然后在相关科研院所和各省（市）水产技术推广部门的密切配合下，组织各专题的产学研精英共同策划、合作撰写、精心出版了这套《水产养殖新技术推广指导用书》。

本丛书具有以下特点：

（1）注重新技术，突出实用性。本丛书均由产学研有关专家组成的“三结合”编写小组集体撰写完成，在保证成书的科学性、专业性和趣味性的基础上，重点推介一线养殖业者最为关心的陆基工厂化养殖和海基生态养殖新技术。

（2）革新成书形式和内容，图说和实例设计新颖。本丛书精心设计了图说的形式，并辅以大量生产操作实例，方便渔民朋友阅读和理解，加快对新技术、新成果的消化与吸收。

（3）既重视时效性，又具有前瞻性。本丛书立足解决当前实际问题的同时，还着力推介资源节约、环境友好、质量安全、优质高效型渔业的理念和创建方法，以促进产业增长方式的根本转变，确保我国优质高效水产养殖业的可持续发展。

书中精选的养殖品种，绝大多数属于我国当前的主养品种，也有部分深受养殖业者和市场青睐的特色品种。推介的养殖技术与模式均为国家渔业部门主推的新技术和新模式。全书内容新颖、重点突出，较为全面地展示了养殖品种的特点、市场开发潜力、生物学与生态学知识、主体养殖模式，以及集约化与生态养殖理念指导下的苗种繁育技术、商品鱼养成技术、水质调控技术、营养和投饲技术、病害防控技术等，还介绍了养殖品种的捕捞、运输、上市以及在健康养殖、无公害养殖、理性消费思路指导下的有关科技知识。

本丛书的出版，可供水产技术推广、渔民技能培训、职业技能鉴定、渔业科技入户使用，也可以作为大、中专院校师生养殖实习的参考用书。

衷心祝贺丛书的隆重出版，盼望它能够成长为广大渔民掌握科技知识、增收致富的好帮手，成为广大热爱水产养殖人士的良师益友。

中国工程院院士

雷霁霖

2010 年 11 月 16 日

前　言

为加快农村经济发展，促进农民增收，大力推进水产健康生态养殖，提高水产品质量安全水平，提高农民在水产养殖业方面增产增收的潜力，提高广大养殖者的技术水平和水产经济效益，根据农业部最新推介发布的农业主导品种和主推技术名录，结合现阶段渔业生产发展的需要，我们编辑了《全国水产养殖主推技术》一书。

本书收集了当前养殖效益明显、技术成熟的主要海水、淡水品种养殖新技术和养殖新模式，内容翔实，科学性、实用性强，采用图文并茂的形式，生动形象，通俗易懂，是广大养殖者、农业技术推广人员的良师益友，也可供水产院校师生、各级水产行政主管部门的科技人员和管理干部参考。

参加本书编写的有国内水产养殖领域的知名专家和具有丰富实践经验的生产一线技术人员，在此对有关专家付出的辛勤劳动表示诚挚的感谢！由于编者水平、信息获取所限，编辑整理时间仓促，不足之处敬请广大读者批评指正。

编　者

2013 年 5 月

目 录

上篇 全国主推共性技术和关键技术

下篇 健康养殖新技术、新模式和实例

上篇

全国主推共性技术和关键技术

淡水池塘健康养殖技术
淡水水域网围养殖技术
大中型水面移殖增殖技术
盐碱地生态养殖技术
海水池塘健康养殖技术
海水工厂化养殖技术
池塘生态修复技术
池塘底部微孔增氧技术
水产养殖水质综合调控技术
优质饲料配制及加工使用技术

淡水池塘健康养殖技术

淡水池塘健康养殖技术是指注重养殖生产过程中的关键环节，降低内源性污染带来的危害，应用水质调控、配合饲料投喂和综合养鱼等技术，改善池塘水质环境，减少应激反应，为鱼类栖息、摄食和生长提供良好的场所，生产出优质的、符合无公害标准水产品的配套技术。具体是指根据养殖品种的生态习性，建造适宜养殖的池塘，选择体质健壮、生长快、抗病力强并经过检疫的优质苗种，采用科学、合理的养殖模式，控制养殖密度，科学投喂营养全面的饲料，采取综合生态防治疾病措施，控制产品质量安全，通过科学管理，最终促进养殖品种无污染、无残毒、健康生长的一种养殖方式。通过应用该技术，每亩①可增产 50～100 千克，每亩增收 100～300 元。

一、池塘的选择和处理

池塘应建在符合健康养殖要求的地方。池塘周围无污染源、无大型的生产活动、无噪声。水源充足，养鱼水质应符合《无公害食品　淡水养殖用水水质》（NY 5051—2001）标准。进、排水沟渠分开，避免互相污染。水源经沉淀、净化、消毒等处理，符合标准后再进入池塘。采用过滤等方法避免杂鱼和敌害生物进入鱼池。

池塘条件：面积为 5～10 亩，池深为 2. 0～2. 5 米。池底平坦，易干塘及进行拉网操作，池底淤泥保留 10～20 厘米，保水性能好。水、电、路三通，排灌方便。根据生产需要，每池配备 3 千瓦增氧机和投喂饲料机各 1 台。

① 亩为我国非法定计量单位，1 亩≈666. 7 平方米，1 公顷＝15 亩，以下同。

养鱼配套设备齐全，能满足养殖生产的需要，包括水泵、增氧机、投饵机、氧气瓶、网具、鱼筛和捞海等，并经常维修保养，使其处于良好的工作状态。

放养前要做好准备工作，冬季或早春将池水排干，修整损坏的地方，清除过多淤泥。让池底冰冻日晒，使塘泥疏松，减少病害。鱼种放养前7~10天，每亩用生石灰100~150千克进行干法消毒。消毒后第四天，加水至0.8~1.0米深。人工或机械搅水，使石灰与淤泥充分接触，使淤泥中的营养物质释放到水中，有害物质充分氧化。晒水提高水温，可达到肥水、杀菌消毒和净化水质的目的，为鱼种投放做好准备工作。

二、苗种的选择、处理和放养

苗种应符合国家或地方的质量标准，生产厂家要具备《水产苗种生产许可证》，要求苗种体质健壮、规格整齐、鳞鳍完整、体表光滑、无伤无病、游泳活泼、溯水力强。苗种在放养前要进行消毒，以防带病入池。一般采用药浴方法，可用3%~5%的食盐水浸泡5~20分钟；还可用15~20毫克/米^{3}的高锰酸钾浸泡5~10分钟，或用15~20毫克/米^{3}的漂白粉溶液浸泡5~10分钟。药浴浓度和时间，根据不同的养殖品种、个体规格大小和水温等灵活掌握。操作动作要轻、快，防止鱼体受伤，一次药浴的数量不宜太多。使用药物符合《兽药管理条例》和《无公害食品　渔用药物使用准则》（NY 5071—2002）的规定。

苗种投放应选择无风的晴天，入池地点应在向阳背风处，将盛装苗种的容器倾斜于池塘水中，让苗种自行游入池塘。

苗种放养时间宜早不宜迟，一般在深秋、初冬或2月下旬前放养完毕。早放养可使鱼尽快适应新的生活环境，减少应激性。特别是从外地购买的苗种，更应该早放养。

苗种质量要求如上所述，最好是经过驯化的苗种。建议用拉网捕获的苗种，不能放养清塘被污泥污染过的苗种。

要求投放苗种规格整齐，一般规格为50~100克/尾。依据以下三点确定放养密度：①确定养殖类型，是混养还是单养；②亩产控制在750千克以内；③预期达到的上市规格。

三、确定合理的养殖模式

根据池塘条件、市场需求、苗种情况、饲料来源及管理水平等科学、合理地确定主养和配养品种及其比例，科学确定产量，以优质高效为原则确定放苗量。放苗时间根据对水温的要求确定。提倡早放养，以便使苗种早适应环境，延长饲养时间。

1. 淡水池塘80∶20养鱼技术

80∶20养鱼技术以一种吃食鱼为主（占80%），搭配鲢、鳙等滤食性鱼类、肉食性鱼类或食腐屑性鱼类（占20%），是一种比较合理的生态养殖模式。它充分利用了生物之间的食物链关系，不仅净化水质、改善水环境，而且增加了产量，提高了经济效益。具体投放苗种规格及密度如下。

（1）主养鲤鱼 鲤鱼苗种规格为100～150克/尾、密度为1 200尾/亩或当年鲤鱼夏花1 500尾/亩，鲢、鳙鱼种规格为100克/尾，密度为150尾/亩，两者之比为3∶1。也可按照中华人民共和国水产行业标准《黄河鲤养殖技术规范》（SC/T 1081—2006）操作。

（2）主养草鱼 草鱼苗种规格为150～250克/尾，密度为1 000尾/亩，鲢、鳙苗种规格为100克/尾，密度为150尾/亩，两者之比为5∶1或8∶1。草鱼苗种最好经过疫苗注射。

（3）主养团头鲂 团头鲂苗种规格为100克/尾，密度为1 100尾/亩，鲢、鳙苗种规格为50～100克/尾，密度为200尾/亩。

2. 综合养鱼技术

综合养鱼技术是将鱼类养殖与种植、畜禽等行业有机结合起来，构成水陆结合的复合生态系统。通过这种有机结合，使得食物链的多极、多层次得到反复利用，不仅可以合理利用资源，提高能量利用率，而且废物得到循环利用，避免了环境污染，保持

了生态平衡，降低了生产成本，提高了经济效益。综合养鱼技术主要包括以下类型。

（1）鱼—鸭结合　每亩水面配养20～40只羽鸭，配0.3～0.5亩饲草地。

（2）鱼—鸡结合　每亩水面配养40～60只鸡。

（3）鱼—猪结合　每亩水面配养2～4头猪。

（4）鱼—草结合　每亩水面配0.5亩饲草地。

饲养畜禽要严格检疫，要求畜禽体色光亮、健康无疾病。畜禽舍布局要合理、建设要规整，这样有利于渔业生产和畜禽管理。

四、科学投喂

建议选用符合标准的配合饲料，含水量在12%左右。配合饲料质量符合《无公害食品　渔用配合饲料安全限量》（NY 5072—2002）的要求。生物饵料要求新鲜、不变质、适口、无污染，保证安全、卫生。

根据饲养品种的摄食习性确定合理的投喂方法，按照标准要求确定投喂量，并灵活加以调整。按照“四定”（定时、定位、定质、定量）投喂，充分发挥饲料的生产效能，降低饲料系数和养殖成本，减轻对水质的污染，提高经济效益和环境效益。

依据水温确定投饲率，并制订月计划投饵量，视天气、水质和鱼吃食的情况酌情掌握，每次投喂最好达到鱼类饱食量的90%。投喂坚持“四定”原则，一般每天投喂2～4次，做到少量多次。在坚持“四定”原则的基础上，还应根据鱼类营养要求和摄食规律，积极推广配合饲料，青、精、粗相结合，在投饲方式上实行“两头精，中间青”的原则。

投喂方法上，首先应驯化养殖鱼类形成集群抢食的习惯。投喂速度开始慢，中间快，后期慢，即“慢—快—慢”。投喂面积开始小，中间大，后期小，即“小—大—小”。投喂量开始少，中间多，后期少，即“少—多—少”。当大部分鱼停止吃食游离食场，剩余鱼抢食速度缓慢时，可停止投喂，即以大部分鱼达到饱食量的 90% 为标准。

五、水质调控

水质符合《无公害食品　淡水养殖用水水质》要求，通过彻底清淤消毒、合理施肥、合理搭配养殖品种、机械增氧、生物净化、使用水质改良剂、适当使用消毒剂、科学添换水等措施，科学调控水质，为养殖鱼类创造良好的生长环境。水质 pH 值控制在 7.2 ~ 8.5；溶氧量不低于 4 毫克/升；透明度保持在 30 ~ 50 厘米，要求水质达到“肥、活、嫩、爽”。

1. 水质调节

鱼种放养前，水深应达到 1 米左右。用河水养鱼要过滤，防止野杂鱼、杂物等进入。5 月底至 6 月初，加水至 1.8 米深，以后随着鱼类的生长逐步加满池水。7—9 月份，每月最好换水一次（排走下层水），每次换水量不少于池水的 1/3。使池水透明度保持在 30 厘米左右、溶氧量在 5 毫克/升左右、pH 值在 7.0 ~ 8.5。应用水质调控技术调节水质。

2. 合理使用增氧机

使用增氧机要做到“三开、两不开”，晴天中午开机 1 ~ 2 小时；阴天适时开机，直到解除浮头；阴雨连绵有严重浮头危险时，要在浮头之前开机，直到解除浮头。在一般情况下，傍晚不开机，阴雨天白天不开机。鱼类生长旺季坚持晴天中午开机，池塘载鱼量大，开机时间延长，反之，开机时间缩短。

3. 有益微生物水质调控技术

（1）硝化细菌　使用时不需要经过活化处理，不能用葡萄糖、红糖等来扩大培养，只需简单地用池水溶解泼洒即可。投放硝化细菌后，一般情况下需 4 ~ 5 天才可见明显效果，因此，将投放时间提前是解决这个矛盾的好方法。同时，为了更好地提高硝化细菌的作用效果，硝化细菌应提前数日运用，避免繁殖速度快的活

菌竞争空间。

硝化细菌不可与化学增氧剂（如过碳酸钠或过氧化钙）同用，因为这些物质在水体中分解出的氧化性较强的氧原子，会杀死硝化细菌。所以，先使用化学增氧剂至少 1 小时后，再使用硝化细菌。

养殖池塘的酸碱度及溶解氧，与硝化细菌的使用效果有较大的关系。使用硝化细菌时最适宜的 pH 值为 7.8～8.2，溶氧量只要不低于 2 毫克/升即可。

（2）光合细菌 在养殖水体中使用和在饲料中添加光合细菌，能改善水质，减少耗氧，促进鱼虾成长，提高产量。光合细菌宜在水温为 20℃以上时使用，低温及阴雨天不宜使用。在池塘使用时，每立方米水体用 2～5 克光合细菌拌细碎的干肥泥土粉均匀撒入鱼池，以后每隔 20 天左右，每立方米水体用 1～2 克光合细菌兑水后全池泼洒。虾池每立方米水体用 5～10 克光合细菌拌细碎的干肥泥土粉均匀撒入池塘，以后每隔 20 天左右，每立方米水体用 2～10 克光合细菌兑水后全池泼洒。作为饲料添加剂投喂鱼虾时，按 1% 的比例拌入。用于疾病防治时，可连续使用，鱼池每立方米水体用量为 1～2 克、虾池用量为 5～10 克，兑水后全池泼洒。在池塘施用粪肥或化肥肥水时，配 2～5 克光合细菌效果更为明显，可避免肥料用量过大、水质难以把握的缺点，并可防止藻类老化造成水质变坏。

水瘦时，要先施肥再使用光合细菌，这样有利于保持光合细菌在水体中的活力和繁殖优势，降低使用成本。此外，酸性水体不利于光合细菌生长，应先泼洒适量生石灰乳，调节水体 pH 值为 7 左右后再使用光合细菌。

药物对光合细菌制剂的活体细菌有杀灭作用，因此，光合细菌不能与消毒杀菌剂同时使用。水体消毒需经过 1 周后方可使用。

（3）芽孢杆菌 当养殖水体底质环境恶化、藻相不佳时，应尽快应用芽孢杆菌，它能迅速利用大分子有机物质，同时将有机物质矿化生成无机盐，为单细胞藻类提供营养，单细胞藻类光合作用又为有机物的氧化、微生物的呼吸、水产动物的呼吸提供氧气。循环往复，构成一个良性的生态循环，使池塘内的菌相达到平衡，维持稳定水色，营造良好的底质环境。在泼洒该菌的同时，需尽量同时开动增氧机，使其在水体繁殖，迅速形成种群优势。

使用芽孢杆菌前，活化工作为必需的措施。活化方法是向芽孢杆菌中添加本池水和少量的红糖或蜂蜜，浸泡4~5小时后即可泼洒，这样可最大限度地提高芽孢杆菌的使用效果。

六、病害防治

坚持“预防为主、防重于治、防治结合”的原则，严禁使用禁用渔药，尽量采用生态防治方法。

1. 鱼病防治

坚持“池塘消毒、食场消毒、饲料消毒、工具消毒”的方法，定期有针对性地预防鱼病，防患于未然。发现病鱼、死鱼及时捞出挖坑掩埋，防止鱼病传播蔓延。

给虾、蟹等甲壳类动物和鮰鱼、黄鳝、泥鳅、蛙等无鳞水生动物施药时，要特别注意使用药物的种类和使用方法。如甲壳类动物严禁使用敌百虫等含磷药物。

池塘用水泥板、石块和砖等建筑材料护坡后，隔断了池水与池坡土壤的接触，降低了土壤对药物的吸附作用，因此，要适当降低用药剂量。

用药时不要将药物一次性全部兑水稀释，而要根据水面大小分若干份兑水稀释，使药物浓度在池水中均匀分布。施药时要泼洒均匀，施药后开启增氧机，搅动池水，使药物与池水充分接触、搅匀，达到防治鱼病的目的。

认真记录鱼病防治的过程，主要内容有预防和治疗鱼病的名称、渔药名称、批号、生产时间、生产商，给药方法（药饵投喂、吊袋、全池泼洒等）、时间、器皿、天气情况（水温、气温）、施药人员、治疗效果等。要与前几年同类、同时期相对比，与附近

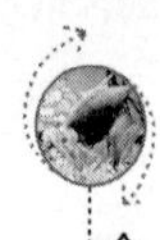

同类池塘相对比，从中总结经验教训，找出规律，为做好鱼病防治工作提供技术和实践支撑。

发现病害及时诊断，对症下药，选用刺激性小、毒性小、无残留的渔药，按照《兽药管理条例》和《无公害食品 渔用药物使用准则》（NY 5071—2002）的规定使用。

2. 及时消毒

根据鱼病发生规律，通过定期加注新水、开动增氧机、泼洒生石灰（每20天左右泼洒1次，用量为20～30千克/亩）等措施防止病害发生。对放养、分池、换池前的苗种，采用药物进行消毒。工具也要及时消毒，可用50毫克/$米^3$的高锰酸钾、200毫克/$米^3$的漂白粉溶液浸泡5分钟，然后冲洗干净再使用；或在每次使用后曝晒半天再使用。病害流行时每半个月对食场消毒1次，选择晴天，在鱼体进食后，将250克漂白粉加水适量溶化后泼洒到食场及其附近。另外，对饲料、有机肥也要消毒，达到标准后再使用。应用微生态制剂、水质改良剂改善水质和池底。

3. 免疫防疫技术

以草鱼为例：通过将具有典型症状的病鱼组织浆经高温灭活后制成疫苗，采用背鳍基部肌肉注射的方式，在鱼种放养时，将疫苗注射到需要投放到养殖水体的健康草鱼鱼种体内，使其产生免疫效果，以提高健康鱼种的免疫力和抗病力。疫苗注射时要防止强光照射，以免紫外线对疫苗产生损害。当天打开的疫苗，应当天用完，剩下的丢弃。草鱼种注射疫苗后，应消毒投放。

4. 建立水生动植物病害测报预报应急系统

首先，建立水生动植物病害测报制度，通过定员、定点和定种测报，分析病害发生情况、流行趋势，提出病害防治措施；其次，经过多年的病害测报，为病害预报工作培训人员、积累资料、建立数据库和分析处理系统，逐步建立、完善病害预报制度和应急系统，为本地区病害防治工作制定可操作性强的应急预案，把病害预防工作做到病害发生、流行之前，真正做到水生动植物病害测报预报工作为渔业和渔民服务。

七、日常管理

（1）保持水质和卫生 定期加注新水或换水，增加水体溶氧量，改善水质。保持水色为黄绿色或褐色，透明度保持在20～30厘米。管理要细心操作，防止鱼体受伤。注意环境卫生，勤除杂草和敌害，及时捞出残饵和死鱼。定期清理、消毒食场。

（2）定期抽样测定鱼类生长情况 从5月份起，每10～15天抽样测定鱼类生长情况，根据水温和天气情况，灵活掌握饲料投喂量，防止过量投喂或投喂不足，影响鱼类正常生长。

（3）坚持巡塘，做好巡塘日志 坚持早晚和夏秋季夜间巡塘，注意天气、水质和鱼情，发现危险信号及时采取措施，避免造成损失。做好日志，日志主要内容包括天气、水温、气温、投饵量及次数、鱼病防治、浮头起止时间、开启增氧机起止时间、加水和排水时间及加水量和排水量等。经常分析、总结，及时调整管理措施。销售产品质量，应符合《无公害食品　普通淡水鱼》（NY 5053—2005）的规定。严格执行休药期制度。商品鱼不得在休药期内上市。

（4）建立健全池塘健康养殖档案 各养殖场要严格执行生产、用药、销售三项记录制度。每年的各项记录要存档，根据有关规定确定保存期限。同时要抄送市、县水产品质量安全监督员备案。

（安徽省水产技术推广总站　奚业文）

淡水水域网围养殖技术

一、一般介绍

湖泊网围养殖可充分利用大水面优越的自然环境条件（水质清新，溶氧量高），具有节地、节能、节粮、节省资源的功能，体现了环境优化、致富渔民、满足市场需求的“三效”统一。湖泊网围养殖技术目前主要包括湖泊网围生态养蟹技术和湖泊网围养殖团头鲂技术。湖泊网围生态养蟹具有投资少、周期短、管理方便、生长迅速和效益较高等特点，是广大渔农养殖致富的好途径；湖泊网围生态养蟹通过优化网围区的生态环境，放养中华绒螯蟹良种，采用健康养殖技术措施，可全面提高湖泊网围养蟹产品的规格、品质、产量和效益。湖泊网围养殖团头鲂的设备简单，相对池塘养殖成本低，鱼类生长快，生态效益和经济效益显著。

二、养殖生产操作重点

（一）湖泊网围生态养蟹

1. 水域选择及设施建造

（1）网围区选择　要求网围区的土质和底泥以黏土结构最为适宜，淤泥层不超过15厘米，底部平坦。常年水深保持在1.2米以上，风浪平缓，流速不高于0.1米/秒；透明度大于30厘米。水产品产地环境符合《农产品安全质量　无公害水产品产地环境要求》（GB 18407.4—2001）的要求，水质符合《无公害食品　淡水养殖用水水质》（NY 5051—2002）的要求，水草茂盛，以苦草、轮叶黑藻、菹草、金鱼藻等为主。底栖动物丰富，水质清新，正常水位在80～150厘米。网围面积以20～30亩为宜，根据地形，采用椭圆形、圆形或圆角方形。

(2) 网围建造 网围结构由聚乙烯网片、细绳、竹桩、石笼和地笼网组成。网围高度应高出常年水深 1.5 米以上，网目为 2.5～3.0 厘米。施工时先按设计网围面积，用毛竹或木桩按桩距 3～4 米插入泥中，显出围址与围形；把聚乙烯网片安装到上下两道纲绳上，且下纲吊挂上用小石块灌制成的直径为 15 厘米左右的石笼。沿着竹桩将装配好的网片依序放入湖中，下纲采用地锚插入泥中，下纲石笼应踩入底泥。上纲再缝制 40 厘米高的倒檐防逃网。采用双层网围，外层网目为 3.0 厘米，内层网目为 2.5 厘米，并在两层网围之间及网围外设置地笼。

(3) 暂养区 网围区设一暂养区，以保证养殖河蟹的回捕率、规格，且利于保护好网围内的水草资源。暂养区为单网结构，上设倒网，下端固定埋入湖底，暂养区占网围面积的 10%～20%。

(4) 轮牧式放养 为了保护湖泊的自然生态环境，在网围养殖区采用轮牧式放养方式。轮牧式放养是湖泊网围养殖技术的创新。轮牧放养方式分为两种形式：其一为年度轮养，即每年空出 30% 左右的面积作为网围轮休区，进行苦草、轮叶黑藻、伊乐藻等优质水草的人工栽培、人工移植和自然康复，同时进行螺蚬等底栖生物的增殖，加速资源的康复和再生，恢复湖泊水体生态环境，第二年再进行放养利用；其二为季节性轮养，即在年初网围内全面移植水草和移殖螺蚬，放养对象先用网拦在一个有限的空间内，随着放养对象和水草、螺蚬等的同步生长，分阶段逐步放养利用。

2. 苗种放养

(1) 放养前的准备 对网围养蟹危害较大的鱼类有乌鳢、鲤鱼、草鱼等，这些鱼类不但与河蟹争食底栖动物和优质水草，有的还会吞食蟹种和软壳蟹。蟹种放养前，采用地笼、丝网等各种方法消灭网围中的敌害生物。

在网围内清除敌害生物后开始投放螺蛳。螺蛳投放的最佳时间是每年的 2 月底到 3 月中旬。螺蛳的投放量为 400～800 千克/亩，

让其自然繁殖。当网围内的螺蛳资源不足时，要及时增补，确保网围内保持足够数量的螺蛳资源。

网围中良好的水域环境和丰富的适口天然饵料是生态养殖河蟹成败的关键，网围内水草覆盖面积应保持在90%以上。水草覆盖面积不足2/3的网围区，应补充种植水草。水草在每年的3月种植，种类以伊乐藻、苦草、轮叶黑藻等为主。根据网围内水草的生长情况，不定期地割掉水草老化的上部，以便使其及时长出嫩草。

（2）蟹种选择与放养 选择长江水系河蟹繁育的蟹种，同一网围内放养的蟹种，要求性腺未成熟，规格整齐，爬行敏捷，附肢齐全，指节无损伤，无寄生虫附着，并且要一次放足。蟹种放养规格为60～100只/千克，放养密度为300～500只/亩。

放养时间为2—3月。放养应选择天气晴暖、水温较高时进行。放养时先将蟹种经3%～4%食盐溶液浸泡5～10分钟消毒。蟹种先放养于培育区内培育，至4月中旬蟹种第一次蜕壳前，水草生长茂盛时拆除培育区。

（3）鱼种放养 为了充分利用水体生态位以及保持水体良好的生态环境，提高经济效益，除了主养河蟹模式外，许多湖泊还采取套养部分鱼种的放养模式。放养种类为鳜鱼或翘嘴红鲌鱼种及鲢鱼、鳙鱼等。放养规格为8～10厘米/尾的鳜鱼或4～10尾/千克的2龄翘嘴红鲌鱼种，鲢鱼、鳙鱼规格为6～8尾/千克。放养量为：鳜鱼或翘嘴红鲌15尾/亩，鲢鱼、鳙鱼30～50尾/亩。鱼种要求规格整齐，体质健壮，鳞鳍完整，无寄生虫。鱼种放养前也要经3%的食盐水溶液浸泡10～20分钟。鲢鱼、鳙鱼放养时间为2—3月，鳜鱼种放养时间为5—6月，翘嘴红鲌鱼种放养时间为3—4月。

3. 饲养管理

（1）饲料种类 分为植物性饲料（玉米、小麦、豆饼、各种水草等）和动物性饲料（螺蛳、河蚌以及小杂鱼等），质量应符合《无公害食品　渔用配合饲料安全限量》（NY 5072—2002）的要求。

(2) 投喂原则 遵循“四看”、“四定”投喂原则。一般上半年投喂全年总投喂量的35% ~40%，7—11 月投喂全年总量的60% ~65%。

(3) 投喂方法 蟹种放养初期以投喂动物性饲料为主，7—9 月以投喂植物性饲料为主，8 月中旬后，增投动物性饲料，9 月中旬开始，以投喂动物性饲料为主。每天投喂 2 次，07：00—08：00 投喂全天投喂量的 2/5；18：00 投喂全天投喂量的 3/5。每日投喂量为蟹体质量的 3% ~8%，根据河蟹生长的营养需求和网围区水质及天然饵料的情况进行适当调节，投喂后以 20 分钟基本摄食完毕为宜，并根据天气、水温、水质状况、网围中水草的数量及摄食情况灵活掌握，合理调整。黄豆、玉米、小麦，要煮熟后再投喂。鲜活动物性饲料，要消毒后立即投喂。

(4) 日常管理 经常巡视，观察鱼、蟹的活动和生长情况，并定期进行体表检查，发现异常及时采取措施。检查网围设施，发现问题及时解决。汛期期间密切注意水位上涨情况，及时增设防逃网。台风季节要加固网围设施，严防逃蟹。检查地笼内是否有河蟹进入，了解河蟹外逃情况，加强防盗防逃管理。及时捞出垃圾、残草、残饵。勤洗网衣，保持网围内外水体交换通畅。水草不足时，及时补充栽种或移植；水草过多时，及时割去移走。记好养殖日志。

4. 疾病防治

网围养殖是在敞开式水域中进行，一般河蟹发病较难控制。所以必须坚持以防为主的原则。应做到不从蟹病高发区购买蟹种，有条件的最好自己培育蟹种。水草投喂前用 5% 食盐水浸泡 3 ~5 分钟。每隔 15 ~30 天，用浓度为 15 毫克/升的生石灰兑水泼洒。保证饲料质量，合理科学投喂，减少因残饵腐败变质对网围水体环境的不利影响。用漂白粉挂袋，不定期对食台消毒。

5. 收获，暂养与运输

河蟹收获时间，从 9 月下旬至 11 月上旬。鱼类的收获时间为

河蟹捕捞结束后，从11月中旬至12月底。

成蟹采用丝网、地笼网和灯光诱捕。鳜鱼或翘嘴红鲌采用丝网和地笼网捕捞。采用大拉网捕捞鲢鱼、鳙鱼。

将起捕的成蟹放在暂养箱内暂养待售，暂养期间投喂适量玉米等饲料。

将经挑选符合市场需求的商品蟹，装在蒲包或网袋内，采用干法进行运输。鱼类采用活水车（船）运输。

（二）湖泊网围养殖团头鲂

1. 网围养殖区的选择

养殖区应选择在无污染、水域宽敞、水草茂盛、透明度大、常年水深保持在1.0～1.5米、风浪平缓、有一定流速、流速一般小于0.1米/秒、远离航道和进、排水河口的水体，产地环境要符合《农产品安全质量　无公害水产品产地环境要求》（GB 18407.4—2001）的要求，水质符合《无公害食品　淡水养殖用水水质》（NY 5051—2002）的标准。底部平坦，土质与底泥以黏壤土为好，底部淤泥层不超过15厘米，底栖生物丰富。

2. 网围建造

网围形状为圆角长方形或正方形。网围面积以1～3公顷为宜。网围总高度为湖区最高水位的1.2～1.5倍。

采用3×3的聚乙烯网线制成的网片，网目为2厘米。网围采用双层网结构，内外层间隔2米以上，以利于小船行驶。内层网的底纲采用石笼沉入湖底，踩入泥中。石笼用4厘米×6厘米×8厘米的小石块灌制而成，直径在12厘米以上。外层网底采用地锚形式插入泥中固定。竹桩采用梅花桩的形式，桩距为2米。建成的网围应留活门，以便于船只进出。

3. 放养前的准备

选择风平浪静的天气，采用7.5毫克/升的巴豆或生石灰全面泼洒。大面积网围可采用拖网清除野杂鱼。

4. 鱼种放养

选择团头鲂“浦江1号”鱼种。时间为12月至翌年2月，用3%的食盐水浸洗15分钟。鱼种规格要求大而整齐，鱼体健康，无伤无病。放养模式如表1所示。

表1 放养模式

品种	团头鲂	异育银鲫	鲢鱼	鳙鱼	草鱼
规格/（尾·千克$^{-1}$）	12~16	12~16	2	2	2
数量/（尾·亩$^{-1}$）	600~800	250	5	10	50

5. 饲料投喂

（1）饲料种类 全价配合颗粒饲料的质量符合《饲料卫生标准》（GB 13078—2001）和《无公害食品 渔用配合饲料安全限量》（NY 5072—2002）的要求。3—5月饲料蛋白质含量30%；6—11月饲料蛋白质含量28%。由于团头鲂喜食水草，在自然界中能获得足够的维生素C，而在高密度养殖条件下，应在配合颗粒饲料中添加0.2%~0.4%的维生素C，以提高鱼的抗病力，促进生长，减少药物使用。若网围外部有丰富的水草，可以适当捞些水草补充饲料。

（2）饲料分配 全年饲料总量=团头鲂鱼种尾数×1.5千克饲料/尾+异育银鲫鱼种尾数×1.15千克饲料/尾+草鱼种尾数×7.5千克饲料/尾。根据鱼体质量的变化和各生长阶段的水温，确定各月份不同投喂量和每天投喂次数。各月份饲料投喂情况见表2。

表2 各月份饲料分配量和日投喂次数

月份	1	2	3	4	5	6	7	8	9	10	11	12
分配量百分比/%	0	0	2	7	9	14	17	18	22	10	1	0
月投喂次数/%	0	0	2	3	3	4	4	4	4	3	1	0

按计划投喂能做到投足不投多，减少饲料浪费和防止鱼吃食不足。当天投喂量应根据天气和上一天吃食情况适当增减。

（3）投喂方式　采用机械投饲，坚持定质、定量、定位、定时的原则。

6. 日常管理

①定期检查网围是否倾倒，网衣是否有破损，底纲、地锚或石笼是否有松动，底铺网是否严密无缝隙。

②清除残饵和悬浮杂物，经常更换食台位置，保持食台周围环境洁净。

③观察鱼群活动、摄食、病害情况，以便及时采取相应的技术措施。

④严禁船只沿网围航行，以保护网围安全和良好的生态环境。

⑤鱼种拉网、运输、过数和进箱时，操作要谨慎，切勿使鱼种受伤。

7. 病害防治

由于网围养殖的特殊性，病害防治必须做到：①选用优质饲料；②定期服用国家许可使用的药物，提高免疫力；③在鱼病流行季节5—9月，每隔7～10天，在食台周围用漂白粉挂篓，进行食物消毒；④发生出血病时，内服恩诺沙星5～7天，添加量为每100千克饲料50克。使用渔用药物应符合《无公害食品　渔用药物使用准则》（NY 5071—2002）的要求。

8. 捕捞

从9月中旬开始拉网捕捞，11月份捕捞结束。

9. 销售运输

养殖常规鱼类，冬季捕捞上市相对集中，往往鱼价较低，先出售套养的价格相对较低的花白鲢，团头鲂、鲫鱼等囤养至价格看好时出售。也可以在鱼价相对较高的9—10月，提前拉网捕捞，出售规格较大的团头鲂和鲫鱼。

三、养殖实例

（一）湖泊网围养蟹

1. 基本情况

（1）时间　2005年3—11月。

（2）地点　江苏省苏州市吴中区横泾镇上林村东太湖网围养殖区。

（3）主体　养殖户席江泉。

（4）养殖面积　网围养殖面积为63亩，分3只网围，每只面积为21亩。

（5）养殖模式　网围养蟹中套养鳜鱼。

2. 放养及主要养殖技术与管理

（1）放养　①围网养蟹：放养时间为3月12日，共放养平均规格为60只/千克的本地优质蟹种31 500只，平均每亩放养500只。②套养鳜鱼：放养时间为5月29日，共放养平均规格为10厘米左右的当年培育的鳜鱼种945尾，平均每亩放养15尾。

（2）主要养殖技术与管理　①网围内清除敌害鱼类；②选择优质水草种类并控制水草生长，水草覆盖面积保持在90%以上；③投放足量螺蛳，每亩投放500千克左右的活螺蛳；④挑选优质蟹种，每只蟹种都要经过严格挑选；⑤做好蟹种培育管理；⑥科学投饲，根据河蟹的食性、摄食习惯和方式以及不同时期对营养的要求状况进行投饲；⑦要加强管理，保持网围区的清洁卫生，勤观察河蟹和鳜鱼的摄食生长情况，定期检查网围设施，在汛期、台风期间要及时加固、加高网围。

3. 效益分析

（1）产量　共起捕成蟹4 158千克，平均亩产66千克，平均规格为180克/只，回捕率为73.3%；起捕鳜鱼425千克、平均亩产6.75千克，平均规格为0.6千克/尾。

（2）产值　产值共计395 470元，其中河蟹产值为374 220

元（4 158 千克×90 元/千克）；鳜鱼产值为 21 250 元（425 千克×50 元/千克），平均亩产值为 6 277. 3 元。

（3）成本 成本共计 179 633 元，其中网围 12 600 元，蟹种 31 500 元，鳜鱼种 4 725 元，饲料 47 458 元，螺蛳 18 900 元，水草 18 700 元，水面租金 15 750 元，人工 30 000 元。亩均成本为 2 851. 3 元。

（4）效益 共获利润 215 837 元，亩均利润 3 426 元。

（5）投入产出比 投入产出比为 1∶2. 2，取得很好的经济效益。

（二）湖泊网围养殖团头鲂

江苏省宜兴市官司林镇丰义村养殖户史东明，2005 年在滆湖网围养殖 60 亩，养殖情况主要归纳为以下几点。

1. 网围情况

位于滆湖西部，离岸 1. 5 千米，离工厂企业约 5. 0 千米，年平均水深 1. 6 米，底部平坦，底质较硬，水体流动性好。用聚乙烯网片围成双层围网，相距 2. 5 米，用钢管和树木做桩固定，抗风浪能力强。

2. 放养前的准备

2004 年 12 月 20 日拖网 3 次除野，2005 年 1 月 10 日放养。放养情况见表 3。

表 3 放养模式

品种	团头鲂	鲫鱼	花鲢	白鲢	草鱼
规格/（尾·千克$^{-1}$）	12	16	1. 6	1. 6	2
数量/尾	46 500	15 000	300	720	360

3. 日常管理

配合颗粒饲料投喂方法与前述类似，设置水草食台 5 只，6 月份开始从围网外部捞取水草投喂，至 10 月底结束。4—6 月每月内服杀虫药一次，7—9 月每 20 天用漂白粉挂袋 3 天，内服恩诺沙星 5 天，用量为每 100 千克饲料添加 50 克，防治团头鲂和鲫鱼等暴发性出血病。围网内外层之间的夹道放置地笼，每天查看地笼，检查是否有鱼外逃。平时检查围网外围，及时清除水花生等有害植物。

4. 收获

收获情况见表 4 所示。

表 4　收获情况

品种	团头鲂	鲫鱼	花鲢	白鲢	草鱼	总产量	亩产量
规格/（尾 · 千克$^{-1}$）	2.6	1.6	8.2	7.4	15	—	—
产量/千克	27 475	5 550	510	1 150	1 215	36 175	723.5

5. 经济效益

（1）总产值　团头鲂为 19.78 万元，鲫鱼为 4.88 万元，花鲢为 0.36 万元，白鲢为 0.39 万元，草鱼为 0.18 万元，青虾为 0.3 万元，累计总产值为 25.89 万元。

（2）总成本　网围、船舶等折旧费为 0.50 万元，饲料费为 15.01 万元，药费为 0.17 万元，上交费用为 0.48 万元，合计总成本为 16.16 万元。

（3）总利润　总利润为 9.73 万元，亩利润为 1 622 元（由于 2005 年价格较低，比前几年效益有所下降）。

（4）投入产出比　投入产出比为 1∶1.6，效益明显。

（江苏省淡水水产研究所　张彤晴）

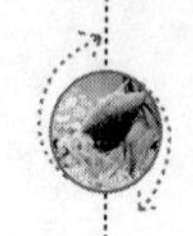

大中型水面移殖增殖技术

一、移殖增殖概述

（一）定义

移殖增殖是指将国内或同一地理分布区域的鱼类或其他水生生物，从一个水域引入另一水域，也就是将其他水域中更优良、又适于这一水域生长和繁殖的种类引进来，使其在移入水域中迅速形成自然鱼群，人为地增加资源补充量，补偿各种原因造成的损失，缓和资源的波动，并以此为基础，发挥各类养殖水域的生产潜力。

（二）目的

1. 提高水域鱼产量

水域中原有的鱼类不能充分利用饵料资源，因此，该水域的鱼产量远低于它的生产力。通过移殖增殖可以让鱼类充分地利用这些闲置的饵料资源，大幅度提高该水域的鱼产量。我国许多水库、湖泊放养鲢、鳙之所以能增产，就是因为鲢、鳙利用了这些水域中的浮游生物。同样道理，放养鲴亚科鱼类，可以利用水库或湖泊中的腐屑，将这些饵料资源转化为鱼产量。

2. 替代原有种类

水域中原有鱼类的经济价值不高，渔业的经济效益不佳，如能以经济价值较高的种类，代替或部分代替原有鱼类，则可大大提高这类水域的经济效益。

3. 恢复水域的原有种类

某种鱼类以往曾栖息于该水域，但由于某种原因而绝迹，如果水域条件还没有变化，可以从其他水域引入这种鱼类，使之在原有水域中重新恢复起来。

4. 发展游钓业和旅游业

为了发展旅游业和游钓业，有意识地向某些指定水域引入一些观赏鱼类和供垂钓用的鱼类。随着旅游业的发展，这种性质的移殖在全国各地正在拓展。

（三）移殖工作的步骤和措施

1. 对象的选择

对拟引入种类的生物学特性和经济价值，要进行全面调查研究，收集、分析有关资料，诸如食性、生长、繁殖、洄游、对环境适应能力、食用价值以及对引进水域中现有生物的影响等。

2. 水域的调查

须对拟引种水域进行全面调查和分析，其内容应包括生物环境和非生物环境。应对渔业状况，食物关系，补充外来生物的必要性，选择迁入种的生物学依据，饵料资源的贮量和潜力，迁入种各发育阶段的敌害和竞争者，经济上的合理性等方面进行综合评估，并预测引入种对该水域未来渔业的效果等。

3. 迁入对象发育阶段的选择

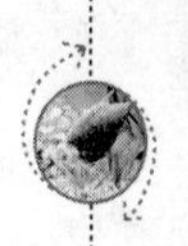

一旦确认了引入物种的必要性，并确定了具体对象后，对引种对象的发育阶段也应根据其生物学特性和迁入水域的具体情况来确定。运输鱼卵和仔鱼的方法较简单，相对数量较多，费用较省，带入疾病和敌害的可能性较小，但缺点是形成种群的持续时间较长，逃避敌害的能力较差。引种生命周期短的鱼类对环境的适应速度快，驯化的时间也短，引种生命周期为 1 年的鱼（如银鱼），约 2 年就可以看出效果；生命周期为 2 年的鱼，3 ~ 5 年可看出效果；而引种生命周期为 4 ~ 5 年的鱼，要 10 ~ 16 年才能看出其驯化效果。因此，引种生命周期短的鱼宜用鱼卵和仔鱼。对于生命周期长的鱼类（如鲟鱼，要 30 年左右才能驯化），为了缩短引种成功的时间，就以亲鱼为宜。

4. 时间、地点和数量的确定

引种的具体时间取决于引入鱼类的生物学特性和该水域的具体条件。亲鱼应避免接近产卵期，因亲鱼在临近产卵期时，对环境条件的变化比较敏感，一旦损伤，就没有足够时间恢复；鱼卵应避开其敏感期，冷水性鱼类可选择在秋季引种，此时温度比较合适，敌害鱼类活动较少，允许恢复体力的时间较长。

放入水域的具体地点，应根据鱼类不同发育阶段的特性和引种时间确定相适应的地点。例如，晚秋放入深水区域，以便鱼类尽快进入越冬场所；产卵前要放入产卵场附近。应选择几个地点，以免个别地点选择不当造成引种失败。

鱼类经过长途运输，体力消耗较大，放入新水域后，往往成团打转，对新环境的适应迟钝，避敌能力差。因此，放入鱼类的地点，最好先采用多种手段驱捕或杀灭害鱼、害鸟、猛兽等，尽量减少损失。引种数量的多少虽不一定是决定引种成败的关键因素，但在一般情况下，数量愈多，效果愈好。在条件（经费、运输能力等）许可的范围内，数量尽可能多些，这样会较快地形成新的可捕捞的种群。

（四）影响移殖成败的主要因素

1. 非生物环境因素

（1）温度　水温直接影响鱼类的生活、生长繁殖，是鱼类移殖的一个重要的限制因子。各种鱼类所能适应的温度范围差异极大，每一种鱼都有其最适宜的温度范围。所以，在选择引种对象时，不仅要考虑到水体的温度变化幅度，还需要了解引种对象对温度条件的适应限度。

（2）盐度　对于大多数鱼类来说，盐度也是一个限制因子。除少数洄游性鱼类是属于变渗透压种类外，大多数为恒渗透压种类。它们分为淡水定居型和咸水定居型。也有些种类能在有一定盐度的水域生活。

（3）氧气　各种鱼类对水中溶解氧含量的降低表现出不同的

敏感程度。氧气不仅维持鱼的生命，而且对其生长、发育、繁殖等均有影响，是不容忽视的重要因子。不同种类的鱼需氧量是不同的，耐受力也有区别。因此，在引种前必须了解清楚被引种鱼类对溶解氧的要求，以判断它们对新环境溶解氧条件的适应力。

（4）产卵基质和水文条件　各种鱼类在进行生殖活动时，对产卵基质和水文条件有程度不同的要求。如鲑科鱼类要在水流冲刷的砂砾底产卵，没有这种场所，自然产卵就不能有效地进行；鲤、鲫等要在有水草或被淹没的陆草上产卵，附着基质的有无对它们的产卵有一定的影响；鲢、鳙、草鱼等敞水中繁殖的鱼类，不仅要求有一定的流速和水位上升，也需要一定的流程。

2. 生物因素

（1）饵料基础　饵料基础对移殖有一定的影响，特别对引种生物能否发展成优势种群，从而产生较好的经济效益，具有重要的作用。在一个水域中，如果有某种饵料尚未被利用，引种鱼类能摄食这种饵料的就较易获得成功。

（2）病原生物　两个不同地区的鱼类存在着不同的疾病，本地区的鱼类对本地区的某些病原往往有一定的适应性。对本地区危害不大的病原生物，遇到外来地区的鱼类，就有可能暴发为严重的疾病，造成鱼类的大量死亡。这是因为在新的环境下，病原及其宿主还没有达到相互适应，包括引入鱼类对新水体病原生物的适应和原有鱼类对引入鱼类带来的病原生物的适应，从而导致宿主可能被消灭。另外，引种鱼类进入新水域，由于环境的剧变，反馈能力降低，也易招致急性病虫害。所以引种之前要对原水系和拟引种地水域的鱼类病原作系统的调查，如发现可疑的病原，就要进行隔离检疫和消毒工作。

（3）竞争者　鱼类引入一个新水域后，与原有鱼类间的相互竞争、排斥是异常激烈的。竞争的范围很广泛，包括饵料、繁殖场所、栖息空间等。种间竞争往往是一个复杂的问题，通常情况下，一种鱼类在竞争中占优势，另一种鱼类占劣势，但在不同的条件下，会有不同的结果。

(4) 敌害生物 在引种工作中，敌害生物的影响不容忽视。一般鱼类都会不同程度地危害鱼卵、仔鱼和稚鱼，而凶猛鱼类则会吞食个体较大的幼鱼。

(五) 国内移殖的主要鱼类

据初步统计，截至2008年，我国相继从国外引进的经济鱼类（不包括小型观赏鱼类）共计66种，分别隶属于11个目、26个科。我国当前移殖较为成功的鱼类主要有鲤科的鲢、鳙、草鱼、团头鲂、鲤、鲫；鲴亚科的细鳞鲴、圆吻鲴、黄尾密鲴和扁圆吻鲴；银鱼科的大银鱼、太湖短吻银鱼、近太湖新银鱼、寡齿新银鱼、白肌银鱼和乔氏新银鱼；胡瓜鱼科的池沼公鱼等。通过移殖这些鱼类，使我国水库、湖泊的鱼类产量获得了大幅度的提高，从而促进了水库、湖泊渔业的发展。

二、银鱼移殖增殖技术

太湖新银鱼（*Neosalanx taihuensis* Chen）原名太湖短吻银鱼，又叫小银鱼、面条鱼，隶属鲑形目（Salmoniformes）、胡瓜鱼亚目（Osmeroidei）、银鱼科（Salangidae）、新银鱼属（*Neosalanx*）。全世界银鱼科鱼类有20种，其中我国有15种，在我国通过移殖增殖已显示出具有较大渔业价值的银鱼种类有太湖新银鱼和大银鱼，太湖新银鱼是湖泊、水库的重要经济鱼类之一，以浮游动物和小鱼、小虾为食。主要分布于长江和淮河中、下游的附属湖泊、水库等水域中，是安徽省银鱼移殖增殖的首选对象。

银鱼肉质细腻，洁白鲜嫩，无鳞，无刺，无腥味，每100克鲜银鱼含蛋白质8.2克，脂肪0.3克，碳水化合物1.4克，钙258毫克，磷102毫克，铁0.5毫克，还有维生素B_1、维生素B_2、尼克酸等多种营养成分；每100克干银鱼中含蛋白质72克，脂肪13克，碳水化合物0.5克，钙761毫克，磷1.2毫克，铁7.5毫克，可食率达100%。

(一) 移殖种类

太湖新银鱼体长一般为60～70毫米，可分为春季和秋季两个产卵群体，春季产卵盛期为4月上、中旬，秋季为10月上、中旬；怀卵量一般为1 000～5 000粒，成熟卵的卵膜丝呈分枝状，或呈辐射状短线；终生以浮游动物为食。

（二）移殖水域的环境条件

1. 水域面积

宜在2 000亩以上的水库和湖泊移殖。

2. 水位与水深

以水位相对稳定为好，灌溉型水库或落差较大的过水性湖泊，应考虑避免银鱼资源流失的措施。浅水性水库有利于银鱼的繁殖，水深以10～15米为好，但水深不是移殖的主要限制因素。

3. 水温

太湖新银鱼产卵适宜水温为15～20℃。

4. 水质与底质

矿化度可在1 000毫克/升左右；透明度在25～100厘米；pH值不宜超过9；底质以较硬的沙泥底为好。

5. 饵料生物

浮游动物饵料的生物量，一般不宜低于1毫克/升，其种群组成以枝角类和桡足类占优势种为好。

（三）受精卵移殖方法

1. 时间

太湖新银鱼为3—4月，水温在15℃左右。

2. 运输

运输量较少、路途较近时，以敞口器皿或塑料桶放入适量经120目筛绢网（或脱脂棉）过滤的湖水、库水，1升水可盛受精卵3 000～5 000粒；运输量多、路途较远时，可用塑料袋充氧置于保温桶内运输，1升水可放受精卵1万粒。运输中水温与受精卵孵化时温度保持一致为好，避免运输途中破膜出苗。

3. 投放

把受精卵直接投入水域中，使其在比较坚硬的或沙质的底上进行自然孵化。投卵的地点要选择背风向阳，水体稳定，水深为1.5～2.5米，底部平缓，底质坚硬、沙质的地区（如湖湾、库湾敞水区或避风靠岸边）。投卵时要使卵均匀散布在水中，且要多选几个点投放。在投卵点底质不理想的情况下，可采取放置孵化箱的方法，即用窗纱做成4米×4米×4米的孵化箱，把箱吊于水下1.5～2.0米处，过7～10天提起刷箱，并观察胚胎发育情况，待仔鱼全部孵出后，撤掉网箱。

（四）移殖密度及效应

1. 移殖密度

一般规律是：移殖的密度大，数量多，潜伏期短，形成鱼产量就快。

（1）受精卵移殖 投放的卵数以孵化率70%～80%计算，每亩30～70粒，一般第二年再投一次。

（2）仔鱼移殖 将运回的受精卵继续孵化管理。太湖新银鱼在平均水温为14.6℃时，孵出时间为156小时；平均水温为20℃时，孵出时间约为81小时，初孵出膜的仔鱼为2.5～2.9毫米。仔鱼投放时间，以鱼体达到平游而卵黄囊尚未全部吸收为宜。太湖新银鱼投放时间一般在孵出后2～3天。投放地点通常应离岸有一定距离，水深在1米左右，投放水域的水温与盛放仔鱼的容器内水温一致，温差不宜超过2℃。投放数量以20～40尾为宜。

2. 移殖效应

（1）生物学效应 这是银鱼移殖后的前期效应。银鱼移至新的水域后能够存活，并有部分个体达到性成熟后自然产卵繁殖后代，一般在移殖的当年或第二年即可判断。通常在银鱼移入后，尤其是应在性成熟期或产卵期用直径为2米的罾网捕捞亲鱼或仔鱼，以检查移殖效果。

（2）生产效应 这是指在自然繁殖后，形成具有捕捞价值的种群。太湖新银鱼一般为 3 年，个别为 2 年。在生物学效应确定后，应于第二年用生产性网具定期或不定期试捕，监测其繁殖、生长状况。按一般鱼类资源评估计算其资源量。

（五）移殖后的资源管理

①根据用罾网灯光诱捕监测资源量的情况，初步确定捕捞工具、捕捞时间和捕捞强度。

②不断探讨和研究形成种群的资源状况及其影响资源变化的原因，调整作业时间和强度，确定保留资源量的比例和可捕量。

③建立严格的管理制度，强化渔政管理秩序，严禁炸鱼、毒鱼等违章生产。

（六）银鱼捕捞

1. 开捕时间确定的原则

①在种群达到最大生物量时进行捕捞。银鱼在性腺开始发育，体长、体质量的增长速度趋向缓慢时，种群生物量最大，进行渔业利用较为合理。因此，银鱼生长，一般以达到 7 月龄时捕捞为宜。

②合理安排渔获季节，充分利用生物饵料。水域中银鱼的生物饵料——浮游动物的生物量，随季节变化而变化，其高峰期通常出现在夏季，春、秋两季次之，冬季最少。因此，捕捞期要避开夏、秋季节，以便充分利用生物饵料。一般在秋末冬初进行捕捞较为合理。

③避开繁殖期进行捕捞。捕捞时间一般为每年的 10—11 月。

2. 捕捞方法

①拖网捕捞，此法适用于万亩以上湖泊、水库。

②半球形罾网灯光透捕。

三、养殖实例

安徽省城东湖位于安徽省霍邱县东郊，是淮河水系大型淡水湖泊之一，1951 年被国家列为蓄洪区，湖面为 338 平方千米。城东

湖共有鱼类11科40余种，其中鲤科鱼类21种，正常年份水面为19万亩，可养鱼水面为15.3万亩。城东湖于2004年开始进行银鱼移殖增殖工作，2004—2008年共采捕成熟（V期）亲鱼10 278组，129批，采受精卵1 117.9万粒，平均受精率65.1%；移殖银鱼亲体633千克。2005—2009年城东湖总产银鱼782.2吨，平均亩产0.66千克，总产值达1 572.7万元。城东湖银鱼已通过国家水产品质量监督检测，申请注册“望湖”牌、“霍邱银鱼”商标，并获中国国际农业博览会组委会颁发的名牌产品证书，2006年经农业部农产品质量安全中心审定颁发无公害农产品证书。

城东湖移殖增殖银鱼项目的实施，带动霍邱县银鱼移殖增殖大发展，截至2009年，该县银鱼移殖增殖共12处，面积达26万亩，产量为245吨，产值为490万元。同时向河南省固始县吴楼水库、安徽省舒城县万佛湖、安徽省六安市裕安区金杯水库移殖增殖银鱼获得成功。目前该县年销售鲜银鱼120吨，创产值200万元。年加工干银鱼25吨，远销日本、韩国、新加坡等地，创汇32万美元，实现利税60万元，并吸纳40名职工就业，创造社会产值300万元。霍邱县银鱼产业化经营、规模化生产、社会化服务格局基本形成。

（安徽省霍邱县水产技术推广站　李进村）

盐碱地生态养殖技术

一、一般介绍

1. 定义

盐碱地生态养殖是指在盐碱地池塘内，通过生物本身的特性和相互作用，加上人为干涉，使养殖生物（鱼、虾、鳖等）、非养殖生物（枝角类、藻类、细菌等）和水域环境（溶解氧、氨氮、有机物等）之间形成一个合理的物质循环、能量流转和信息传递通路，从而保持水域各生态要素达到一个相对平衡。池塘物质循环见图1所示。

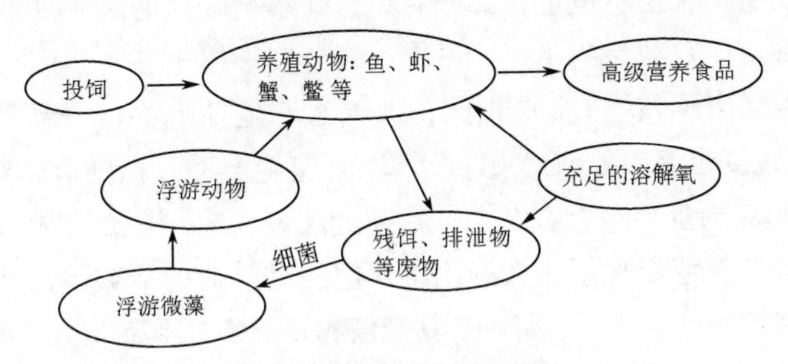

图1　养殖池塘物质循环流程

2. 发展历程

盐碱地养殖技术最早可追溯到“八五”、“九五”期间的“上农下渔”生态种植、养殖模式，当时是以盐碱地改造为目的，宏观上注重土地—水—动植物大生态圈的平衡利用。“十五”以后，随着渔业科学技术的不断进步，渔业工作者逐步把目光从宏观转移到微观，更多地从池塘内养殖生物—非养殖生物—水域环境等微观领域探讨养殖动物的健康和食品安全问题，从而也更加注重养

殖水域的生态平衡和环境保护。因此，可以说现阶段的盐碱地生态养殖，既包括宏观意义上的内容，也包括微观意义上的内容。受篇幅所限，本部分主要介绍池塘内生态养殖。

3. 盐碱水的定义及特点

人们一般把自然界离子总量在1克/千克以下的水叫作淡水，而对于离子总量在1克/千克以上的水，有的叫微咸水（种植业为1～3克/千克），有的叫半咸水（渔业为3～10克/千克），有的叫作咸水（种植业为3克/千克以上，渔业为10～40克/千克），行业不同称呼不一。《盐碱水渔业养殖用水水质》（DB 13/T 1132—2009）中，对盐碱水进行了重新定义，把海水、淡水之外的离子总量（或盐度）超过1克/千克的天然水统称为盐碱水。盐碱水具有高pH值、高碳酸盐碱度、高离子系数和水化学类型繁多等特点。与海水相比，它的碱度值高（海水碱度为2.0～2.5毫克当量/升，内陆盐碱水为10～30毫克当量/升），缓冲能力差，主要离子比值和含量不恒定，部分对鱼、虾影响较大的离子（如钙离子、钾离子）缺乏或不足，还有一部分离子超出正常范围（如铁离子、镁离子）；与淡水相比，盐碱水不但盐度高（一般为1～25），碱度也高（长江水碱度为2.10毫克当量/升、闽江水只有0.33毫克当量/升），宜发生小三毛金藻等病害。盐碱水的以上特点给水产养殖带来了较大的困难，但经过改造的盐碱水，不但可以养鱼，还可以养虾、蟹等，其产值和效益不亚于海水和淡水。

4. 盐碱水的类型

我们知道，水产养殖的种类因水质而异，不同类型的水质，其适宜的养殖品种也不同。为便于选择适宜的养殖品种，有必要介绍一下盐碱水的类型。海水的类型是氯化钠Ⅲ型，简写为Cl_{III}^{Na}，海水品种在这类水中还与盐度有关，有狭盐性品种（如海参）和广盐性品种（如鲈鱼）两大类之分。淡水的水质类型多，有C_{I}^{Na}（碳酸钠Ⅰ型）、S_{II}^{Na}（硫酸钠Ⅱ型）、Cl_{I}^{Na}、Cl_{II}^{Na}、Cl_{III}^{Na}、$S.Cl_{II}^{Na}$（混合型）等，淡水品种在适应以上类型的水质的同时，还与碱度有关，一般淡水品种适宜的碱度值在10以下，碱度太高，鱼类不能繁殖。盐碱水的类型和淡水相似，但适宜盐碱水养殖的自然种类较少，大部分是经过人工移养和驯化的品种，如梭鱼、南美白对虾、罗非鱼等。根据这些移养驯化种类的自身特点，又分别适应不同类型的盐碱水，如虾类适宜的水型是$Cl_{Ⅲ}^{Na}$、$Cl_{Ⅱ}^{Na}$、$Cl_{Ⅰ}^{Na}$、$S_{Ⅱ}^{Na}$；鱼类适宜的水型较多，有$Cl_{Ⅲ}^{Na}$、$Cl_{Ⅱ}^{Na}$、$Cl_{Ⅰ}^{Na}$、$S_{Ⅱ}^{Na}$、$C_{Ⅰ}^{Na}$、$Cl_{Ⅰ}^{Mg}$、$Cl_{Ⅲ}^{Mg}$。鉴于盐碱水的复杂性，建议养殖户在技术人员指导下进行养殖生产。

5. 盐碱水的分布与渔业生产的关系

我国是盐碱地和盐碱水资源较丰富的国家，据资料介绍，我国约有6.9亿亩低洼盐碱水域和约占全国湖泊面积55%的内陆咸水湖泊，另外还有14.8亿多亩盐碱荒地（盐碱地因土地盐渍、地下潜有咸水而使土壤带有一定的盐度和碱度，当淡水灌入盐碱地池塘后，也会变成盐碱水），遍及华北、东北、西北内陆地区以及长江以北沿海地带的17个省、直辖市、自治区。因盐碱水特有的物理化学性质，种植业较难利用。从水产养殖学角度来看，鱼、虾等水产动物对盐碱水的耐受力强于植物，但必须是在鱼虾的耐受范围之内。也就是说，适宜的理化因子（如pH值、离子含量及其比值等）对水生动物生长具有促进作用，但超过一定界限，将对养殖生物生理和生长产生一定的负面作用。主要限制性因素：一是可养品种较少，二是水质调控难度大。长期以来，农业部、科技部等组织有关单位对盐碱地、盐碱水以及耐盐碱生物等进行了一系列调查研究，开发出许多适宜养殖的水产品种和水质调控技术，目前渔业利用盐碱水的空间很大，为开发和利用盐碱地、盐碱水奠定了理论基础。

二、技术要点

为使养殖户清楚了解盐碱地生态养殖技术的生产工艺流程，图2简单列出了有关步骤。

1. 放苗前的水质改造调节

从整个养殖过程看，盐碱水的水质改造调节工作是盐碱地生态

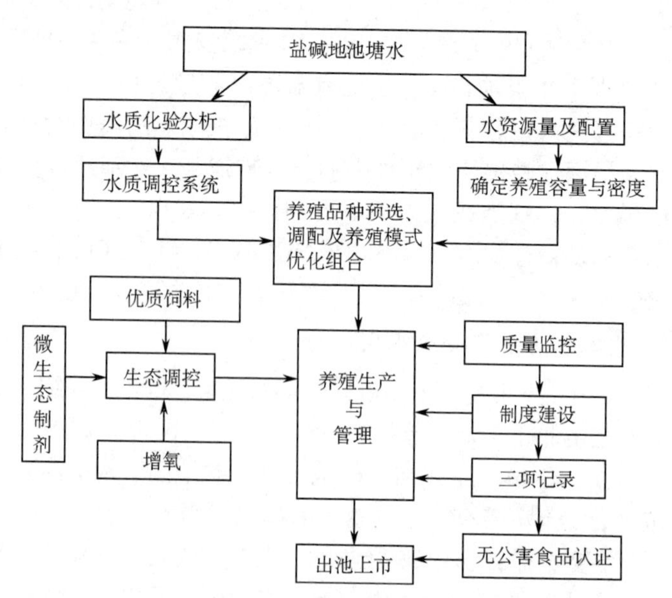

图 2　盐碱地池塘生态养殖技术生产流程

养殖技术的难点和关键点。适宜的水质是养殖鱼、虾、鳖等所必需的，但超出正常范围，将对养殖动物产生危害。如碱度，有专家认为，总碱度小于0.3 毫克当量/升时，鱼塘生产力低，总碱度在1.5～3.5 毫克当量/升范围内时生产力高，而大于3.5 毫克当量/升时会产生碳酸钙沉淀，超过7.0 毫克当量/升，则对养鱼不利。而对于养殖南美白对虾来说，除了碱度之外，还需要鉴别 K^+、Ca^{2+} 等离子是否能满足对虾生长的需要。因此，放苗前需要对水质进行化验分析，并对照水质标准（表5）进行调节改造，使之达到合理的范围。

表 5　盐碱水主要水质指标要求（DB 13/T 1132—2009）

pH 值	盐度	碱度/（毫摩尔·升$^{-1}$）	氨氮/（毫克·升$^{-1}$）	亚硝酸盐（以N计）	铁/（毫克·升$^{-1}$）	钾/（毫克·升$^{-1}$）	钠/钾	钙/（毫克·升$^{-1}$）	镁/（毫克·升$^{-1}$）	镁/钙	硫酸盐/（毫克·升$^{-1}$）
7.5～8.5	1～25	1.0～11.0	≤0.6	≤0.1	0.1～1.0	≥30	20～50	≥50	≤300	3～6	100～2 500

注：6～12 仅针对虾、蟹。

盐碱水水质调节的方法有以下几种：①结合水质分析和养殖种类需要，及时补充缺失离子或含量不足的离子，调节关键离子的比例，使其达到养殖动物需要。如对虾养殖，如果缺钾，直接补充氯化钾，使池塘内 K^+ 的浓度达到相同盐度下正常海水含量的1/3～2/3；②使用专用水质改良剂，降低盐碱水碳酸盐碱度和 pH 值，增加水体的缓冲性能，减少盐碱水体协同致毒的机会。如中国水产科学研究院盐碱地渔业工程技术研究中心推荐的水质改良剂Ⅱ号、Ⅲ号；③使用有机肥料进行压盐降碱。对于碳酸盐碱度高的池塘，直接补充有机肥料（如发酵粪肥），不但保证营养盐的供应，还有压盐降碱的功效。但对于硫酸盐型池塘，尽量避免使用有机肥，防止增加酸度，降低池底氧化还原电位，使硫化氢积滞和中毒；④正确选择清塘药物。一般盐碱池塘碱度高，常用的清塘药物生石灰易引起池水碱度上升。因此，盐碱地池塘清塘药物，选用漂白粉较好，慎用生石灰。

2. 选择适宜养殖品种和模式

不同的养殖品种，其耐受盐度、碱度的范围不同，应根据盐碱水的性质、拟养殖品种的耐受性及养殖品种市场价格等因素综合考虑。在实际生产中，如缺乏化验条件，也可将拟养品种进行试水验证，3～5 天后，如无不良反应，即可正式放苗养殖。为方便养殖户选择使用，表 6 列出了部分养殖种类的耐盐碱范围，供养殖户参考。

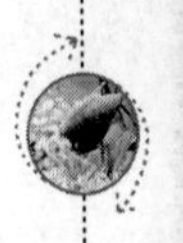

表 6　部分养殖种类耐盐碱范围

参数	主要养殖品种											
	南美白对虾	罗非鱼	梭鱼、花鲈	鲫鱼	淡水白鲳	加州鲈	鲤、鲴鲢、鳙	河蟹	草鱼	克氏原螯虾	泥鳅	团头鲂
盐度	1～40	1～15	3～25	1～10	1～10	1～10	1～8	1～7	1～7	1～6	1～5	1～5
碱度/（毫摩尔·升$^{-1}$）	1～10	1～15	1～10	1～18	1～12	1～7	1～10	1～10	1～12	1～8	1～13	1～8

除了选用合适的养殖品种之外，科学合理的养殖模式也是增产增效的途径之一。常用的养殖及品种搭配模式有以下几种。

（1）常规鱼 80∶20 模式（或 80∶10∶10） 即 80% 吃食性鱼类、20% 滤食性鱼类。该模式以鲤鱼、草鱼、罗非鱼等为主，投喂主养鱼的饲料。

（2）鱼—虾 80∶10∶10 模式 即 80% 吃食性鱼类、10% 滤食性鱼类、10% 南美白对虾。这是一个盐碱地对虾生态养殖新模式。该模式以鲤鱼、草鱼、鲫鱼、罗非鱼等为主，正常投放鱼种，饲料投喂主养鱼的饲料，不投对虾饲料。对虾只是副产品，每亩放苗 1 万尾左右，因对虾价格高，对虾产量占 10%，产值可以达到 15%。

（3）虾—鱼 70∶15∶15 模式 即 70% 南美白对虾、15% 淡水白鲳、15% 鲢鱼。这是又一个盐碱地对虾生态养殖新模式。该模式以对虾为主，每亩放虾苗 3 万～5 万尾，亩产量在 200 千克左右；淡水白鲳是肉食性鱼类，摄食病死虾，起到阻断虾病传播的作用，鱼种规格为 80～100 克/尾，每亩投放 200～300 尾，亩产量为 70～80 千克。养殖过程只投喂对虾饲料，不投喂养鱼饲料；鲢鱼为 150～250 克/尾，每亩放 50～100 尾。

需要特别注意的是：虾类对盐碱水要求比鱼类高，一般只可在氯化钠Ⅰ型、氯化钠Ⅱ型、氯化钠Ⅲ型和硫酸钠Ⅱ型水域中养殖南美白对虾，其他水质类型的盐碱水，养殖南美白对虾尚无成功经验，养殖户在选择品种时一定要慎重。

3. 养殖过程中的水质调节

盐碱水水质易受蒸发量、地下盐桥等影响，而表现出不稳定性。因此，养殖过程中的水质调节工作也是非常重要的。要保持良好的水质，关键是将水的盐度、pH 值、碳酸盐碱度、营养盐因子和有益微生物等指标，维持在合理的水平上，避免出现“应激反应”，造成对生物的伤害，导致各种继发性疾病发生。养殖过程中的水质调节，主要包括以下几个方面。

（1）降低水体浊度和黏度 调节适宜透明度，定期使用沸石粉等水质改良剂和水质保护剂，降低水体浑浊度和黏稠度，以减少有机耗氧量。

（2）保证水环境稳定和微生态平衡 定期使用有益菌，稳定水色，保持合理的藻相、菌相系统（图3）。定期向养殖水体投放光合细菌、芽孢杆菌、EM 混合菌等微生态制剂，促进水体的微生态平衡，并根据水色情况，不定期施肥。

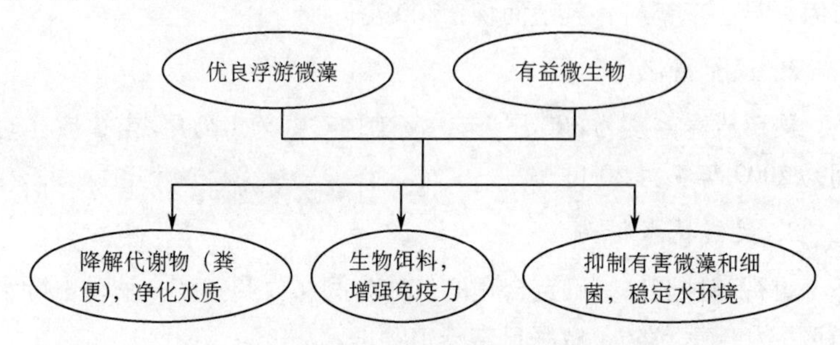

图3 池塘水域中优良藻类及有益菌的调节作用

（3）适量加水 初春后，要注重养殖池塘的蓄水。放苗后，根据条件许可和需要，及时补充新水。每次加水应控制在 10 厘米左右，以 10 天加一次水为宜，改善水质，促使对虾蜕壳和鱼类生长。

（4）定期消毒 在养殖过程中，应坚持 7～10 天使用一次消毒剂，减少水中的细菌总数。要注意使用消毒剂时与生物制剂的使用错开 5～7 天，以免影响生物制剂的效果。

4. 增氧

充足的氧气不仅可满足养殖动物日益增长的需要，而且还可促进氨氮、硫化氢、亚硝酸盐等有害物质的分解转化，对稳定和改善水质、保持微生态平衡具有非常重要的意义。因此，在某种程度上可以这么说，溶氧量就是产量。盐碱地池塘要配备增氧设备，这是非常必需的。一般每亩配备 0.5～1.0 千瓦，有条件的地方可适当增加。只有在养殖水体中保持较高的溶氧量水平（5 毫克/升以上），才可有效减少生物的发病率，促进生长，提高产量和效益。

三、养殖实例

本实例由河北省沧州市水产技术推广站提供。

1. 基本情况

养殖年度：2009 年；养殖户名称：郭瑞成；地址：河北省沧州市海兴县小李寨村；养殖面积：200 亩。

2. 放养情况

梭鱼放养密度为 800 尾/亩，南美白对虾为 1 万尾/亩，放养时间为 2009 年 4 月 20 日。

3. 关键技术措施

重视苗种选择，确定合理的放养时间和放养密度，及时进行水质调控和疾病预防，做好日常养殖管理。

4. 产量和效益

亩产量为 339.8 千克，亩产值为 4 450.6 元，亩效益为 1 602.4元。亩成本为 2 848.2 元，其中饲料成本占 46%。投入产出比为 1∶1.56。

5. 养殖效果分析

该盐碱地池塘采用生态养殖模式，亩效益提高 39%，发病率降低 20%。

（河北省水产技术推广站　王凤敏）

海水池塘健康养殖技术

海水池塘养殖主要以潮间带为开发区域，通过在此区域构筑鱼池进行养殖的一种集约化养殖方式。我国明代已有在潮间带凿池养殖鲻鱼的记载。20 世纪 80 年代以来，海产虾类养殖发展迅速，成为海水池塘养殖的重要对象，我国的海水池塘养殖也是从此时开始大规模迅速发展起来的。

从目前全国海水池塘养殖整体情况来看，各地养殖品种及模式的区域性差异较大，主要由沿海水文环境、底质条件和养殖对象的生物学特性等因素决定。目前我国海水池塘养殖种类主要有甲壳类、鱼类以及一些特色养殖品种，如刺参、海蜇等，其中，甲壳类主要有南美白对虾、斑节对虾、日本对虾、脊尾白虾、锯缘青蟹、梭子蟹；鱼类有鲻鱼、鲈鱼、舌鳎和鲷类等。而以甲壳类为主养对象的池塘面积占海水池塘养殖面积的 8 成左右。

随着海水池塘养殖规模的扩大和集约化程度的提高，近几年水产养殖病害日趋严重，水产品的药物残留问题日益突出，养殖废水的外排造成水体污染，已严重制约了水产养殖业的可持续发展。因此，为了人类的健康和水产养殖业的可持续发展，推行海水池塘健康养殖技术是非常必要的。

海水池塘健康养殖技术就是从改造生态环境和养殖基础条件入手，充分利用国内外先进科技手段、生物技术、免疫技术等高新技术，使用微生物生态制剂、无公害渔药、优质饲料和绿色水产生物饲料添加剂等环保产品，进行集成组装运用于海水池塘养殖生产，从而确保产品质量安全、养殖环境良好，逐渐改变过去以消耗自然资源、污染环境为代价的养殖方式，促进水产养殖业的可持续发展，达到生态效益、社会效益和经济效益三效合一。主要包括两个方面：一是投入品管理，确保苗种、饲料、药品等

没有药物残留；二是养殖过程管理，通过科学的管理方案，促进养殖对象健康、快速生长，同时减少养殖过程中的资源浪费和对环境的污染，关键技术措施包括合理的养殖模式（品种、规格、数量的搭配）、水质调控和疾病防治、饲料合理投喂等。

随着海水池塘的综合养殖受到重视，多品种生态养殖模式在各地涌现，并得到快速发展，改变了以往对虾单养为主的养殖模式，有以梭子蟹为主的虾、蟹、贝立体养殖的，有以优质贝类为主的贝、虾、鱼混养的，有以对虾为主的虾、蟹、鱼混养的，还有以优质鱼为主的鱼、虾、蟹混养的。这些养殖模式的共同特点，都是根据生态学原理和食物链原则，将不同食性、不同生活水层的鱼、虾、蟹、贝经过统筹兼顾、合理筛选、优化组合，进行同池养殖，从而充分利用养殖水体、底泥和饵料资源，达到共生互利，改善养殖生态环境，实现优质、高产、高效的目的，这是海水池塘健康养殖技术的新阶段。

在养殖过程中要求科学确定水域养殖容量，推广使用生态健康的养殖方法，规范养殖苗种、饲料、药品的选用，要选择优质的苗种、优质的饲料，使用高效、低毒、低残留的渔药和疫苗，积极发挥渔业的生态功能，通过生态养殖增殖办法，促进水域生态环境的改善。

海水池塘养殖收成的好坏，池塘条件、苗种质量、饵料质量是基础，日常管理是关键。管理主要包括水质调节、饵料投喂、疾病防治等。

一、池塘场地的选择及结构

池塘场地的选择因养殖种类、采用的养殖方式以及养殖者的经济状况而异，一般建在潮流通畅、风浪较小的内湾或河口沿岸的潮间带中、高潮区或潮上带，可结合自然条件挖、堵筑成或利用废盐田改建。以附近自然海区海水为养殖水源。养殖环境符合《农产品安全质量　无公害水产品产地环境要求》（GB/T 18407.4—2001）。

养殖池规格一般视养殖场规模而定，大的不到1公顷；有时也视养殖对象而定，一些品种如海蜇养殖池塘宜大不宜小，面积至少在2公顷以上。池塘排列呈“非”字形，设总进、排水闸及相应水渠。养殖池多为长方形，池深1.5～2.0米，长边应与主要季节风向平行，以减轻风浪冲刷池坝。于短边池坝上设进、排水闸。池内有中心沟与环沟，沟深较滩面深30～50厘米，沟底不能低于闸底，以利于排水。

二、辅助设施的修建

1. 隐蔽和防逃设施

养殖锯缘青蟹、梭子蟹等蟹类，为防止和减少互相残杀，应在塘中多开沟渠并设置一些隐蔽设施，如陶罐、陶管、瓦片等。对于有打洞和越坝外逃能力的锯缘青蟹、大弹涂鱼等，须增加防逃设施。养殖海蜇时应在水深0.5米的近岸处设置防护网，防止其擦伤和搁浅。

2. 保温大棚

该设施借鉴了蔬菜大棚及地膜覆盖的经验，部分海水池塘养殖应用塑料薄膜大棚进行保温，现已广泛应用于各种苗种培育、鱼虾养成及越冬等环节。大棚多由支架、钢丝及塑料薄膜建成。

三、苗种放养前准备

（1）池塘清淤整治　海水池塘经过1年的使用后，池塘中积累了大量淤泥，而淤泥是造成池塘老化、低产、疾病发生的重要原因之一，必须在苗种放养前清除。首先干塘、晒池，然后清淤、整治，达到全池堤坝规整，无漏穴，池底平坦。在整塘时要针对综合养殖要求，在塘底作特殊处理，以适应养殖对象各自对栖息环境的要求。如北方的虾池养殖刺参，需投放人工参礁、石块等；梭子蟹养殖池，要铺设10厘米左右细沙以利梭子蟹栖息；对于养殖缢蛏、泥蚶等滩涂贝类的池塘，应当根据其生活特性修建蛏

(蚶)田。

(2)清塘消毒 养殖池塘在放苗前30天左右，选择一个晴天进行清塘消毒。常用清塘药物有生石灰、漂白粉等，一般干池清塘每亩用生石灰75千克或漂白粉10千克，带水清塘每亩按水深1米计算用生石灰150千克或漂白粉15千克。施用时将生石灰放在船上或容器中，一面往里泼水溶化，一面趁热向池塘泼洒，漂白粉则在容器中溶化后立即全池均匀泼洒。

(3)进水、施肥培养基础生物饵料 根据水质状况和放苗时间适时进水，水质要达到《无公害食品　海水养殖用水水质》(NY 5052—2001)标准的要求，进水时加过滤网袋，防止野杂鱼类随水入池。由于池水经消毒后比较清瘦，不宜立即投放养殖对象苗种。因此，在放苗前15～20天需进行肥水，培养基础生物饵料。肥水采用经过发酵的有机肥和无机肥培养水质，新、老池塘施肥用量有所不同，具体施肥方法可根据不同养殖品种的设施情况与放养密度灵活掌握。待池塘水色逐渐变为黄绿色或浅绿色，池水的透明度达到30～40厘米时，停止施肥。以后视水色变化情况决定追肥方式。

四、苗种选择及放养

养殖生产所需苗种应来源于持有《水产苗种生产许可证》的正规国家级或省级苗种繁育场，育苗期不使用违禁药物，所用药物浓度严格控制。或者选择不同海域的健康亲体培育出来的苗种，然后再进行严格筛选。苗种质量应符合国家的有关标准。

不同品种的投苗季节有所不同，放苗时间应选择在晴天的上午或傍晚进行，忌在中午太阳曝晒时放苗或在雨天放苗。放养密度根据养殖对象、养殖模式、池塘条件、饲料、苗种规格和放养时间等具体条件而决定。放苗点应设在池水的上风处。放苗方法视养殖对象而定。放苗时应注意育苗池与养成池的温度和盐度差别，要把温差控制在1℃，盐度差控制在2以内，24小时温差控制在3℃、盐度差控制在3以内。为使虾蟹苗尽快适应养成池的水质环境，可把装有苗种的袋子先浮在水面上，使袋内外的温度趋于平衡，再打开袋子，向袋内缓慢加入池水，直到向外溢出，让苗种逐渐自行进入水中，以提高苗种的成活率。贝苗要均匀撒播，切忌成堆。

五、养成管理

（一）水质管理

养鱼池塘应保持水深在 1.5 米以上，透明度在 30～40 厘米，pH 值为 7.5～8.5，池内氨氮含量应控制在 0.02 毫克/升以下。

通过适量换水、开机增氧、使用微生物制剂和底质改良剂、定期消毒水体，来调节养殖水质。尽可能减少养殖废水的排放量，排放养殖废水必须达到国家关于养殖废水排放的标准后方可进行排放。将水温、盐度、pH 值、碳酸盐碱度、营养盐因子和有益微生物等保持在相对合理稳定的水平，以避免出现应激反应造成对生物的伤害，导致各种继发性疾病暴发。

（二）饲料及投喂

1. 饲料质量要求

饲料质量应符合《饲料卫生标准》（GB 13078—2001）、《无公害食品　渔用配合饲料安全限量》（NY 5072—2002）和《饲料和饲料添加剂管理条例》要求。

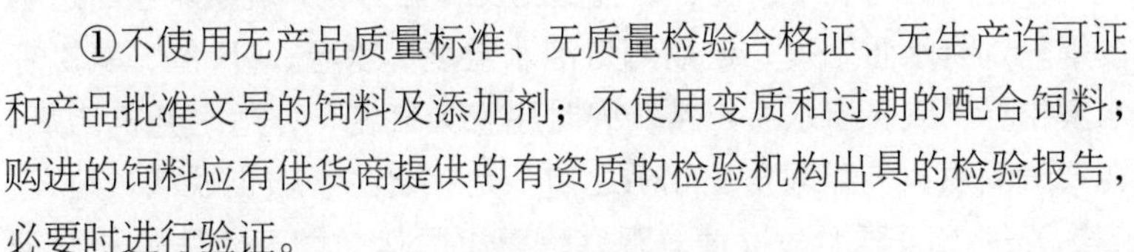

①不使用无产品质量标准、无质量检验合格证、无生产许可证和产品批准文号的饲料及添加剂；不使用变质和过期的配合饲料；购进的饲料应有供货商提供的有资质的检验机构出具的检验报告，必要时进行验证。

②不在饲料中添加禁用的药物和其他添加剂，在没有专业技术人员指导的情况下，不擅自在配合饲料中添加药物。

③使用未加工的动物性饲料，应进行质量检查，不使用腐烂、变质和受污染的鲜活饵料。

④采集、购进的青绿饲料，须确保干净无毒。

⑤不使用未经处理的动物粪便肥水或当作饲料使用。

2. 投饲

(1) 方法 投喂饲料应采取“四定”投喂方法，投喂时要遵循“慢—快—慢”、“少—多—少”的原则，同时还要根据养殖对象的摄食习性特点，进行合理投喂，在保证养殖个体生长需要的同时，提高饲料利用率，尽量减少饲料的浪费及对养殖环境的污染。如蟹类，不要遍池塘均匀地投喂，而是沿池塘四周投喂。对于虾、蟹混养池塘，要先投喂蟹饲料，1 小时后，再投喂虾饲料；而对鱼、虾混养的池塘则应提前 0.5 ~ 1.0 小时投喂鱼饲料，然后再投喂虾饲料，以减少互相争食。

(2) 投喂量 以无残饵或稍有残饵为宜，防止残饵过多而引起水质恶化。为便于及时了解养殖对象摄食情况，可在池中设置食台供检查用。若投饵后 2 小时，在食台上仍有剩余饵料，则需减少投喂量。投喂量应根据池塘水质、摄食活动及当日天气、水温高低等情况灵活掌握。若投喂鱼饲料，当 80% 以上的鱼吃饱离开后即可停喂。对虾的投饲量，根据其体质量按比例计算，投饲前后需检查有无残饵。

(3) 饲料粒径大小 对虾以投喂人工配合饲料为主，根据不同养殖生长阶段，选用粒径不同的饲料。

(三) 巡塘及日常管理

①监测池塘水质状况、水位变化及有无异味，观察水色、透明度等，判断水质肥瘦，定期测量池水盐度、水温、pH 值、氨氮等水质指标，以保持水质正常。同时注意天气变化，适时开机增氧。在天气闷热、气温剧变及黎明之前，尤其要注意防止缺氧。雨天、闷热天气夜间要加强巡塘。观察增氧机的运转情况，防止池塘漏水、溢水，防偷、防逃和防泛池浮头。对台风、赤潮和暴雨引起的水质突变（盐度变化尤为重要），应及时采取有效措施。

②每隔 10 ~ 15 天对养殖对象随机抽样，进行 1 次生长检测，包括生长速度、存活率，并结合生长情况确定和调整投喂量。

③巡塘时要注意观察养殖对象的摄食与活动状况，在投喂 2 小

时后，通过检查塘内残饵情况，及时调整投饲量。食毕之后要清理食台，保持食台清洁卫生。通过观察养殖对象的摄食、活动等情况，力求做到疫病早发现、早治疗，及时捞除死亡个体，发现有病个体，立即检查病因并及时治疗。如见异常活动个体，查出原因后及时采取相应有效措施。

④检查池塘的堤坝、闸门有无漏洞，各种设施是否安全，及时清除杂草和消灭池塘中的敌害生物。

⑤做好养殖生产日志，记录当天水质、天气、投饵、消毒、防病和治病用药及生长状况等各项情况。

（四）病害防治

必须坚持“预防为主、防重于治”的方针，有病害发生时要对症下药，忌乱用药物。在推广生态防病技术的同时，选择高效、低毒的渔用药物，及时对症进行鱼病治疗，防止滥用渔药与盲目增大用药量或增加用药次数、延长用药时间，并注意相应的休药期，确保养殖产品的质量符合无公害食品和产品进口国的食品标准。定期对水体用生石灰、漂白粉等消毒，并交替使用微生物制剂。药物防治时，尽可能选择不产生耐药性，又对病毒、细菌和生物敌害有明显作用的中草药。有针对性地使用一些对致病菌有专一性的抗生素，如土霉素、磺胺嘧啶和氟苯尼考等。禁止使用呋喃西林、呋喃唑酮、氯霉素、红霉素、环丙沙星、喹乙醇、己烯雌酚、甲基睾丸酮、孔雀石绿和五氯酚钠等国家禁用渔药。

（浙江省水产技术推广总站　薛辉利）

海水工厂化养殖技术

一、养殖设施

养殖设施包括养鱼车间、养殖池，充氧、调温、调光、进水、排水及水处理设施和分析化验室等。养鱼车间应选择在沿岸水质优良、无污染、能打出海水井的岸段建设，车间内保持安静，保温性能良好。养鱼池面积以30～60平方米为宜，平均池深在80厘米左右。

二、环境条件

水质主要理化因子应符合下列要求。

养殖区附近海面无污染源，不含泥，含沙量少，水质清澈，符合《渔业水质标准》（GB 11607—1989）（可咨询当地渔业行政主管部门）。所用井水水质优良，不含任何沉淀物和污物，水质透明、清澈，不含有害重金属离子，硫化物不超过0.02毫克/升，总大肠杆菌数小于5 000个/升，供人生食的贝类养殖水质中大肠菌群低于500个/升。盐度在20以上。为检验井水质量，可先用少量鱼苗试养，鱼苗放养正常时再进行养殖生产。

光照、水温、盐度应根据具体养殖鱼类而定。

养殖水体的pH值应高于7.3，最好维持在7.6～8.2之间。

溶氧量大于6毫克/升。

三、鱼苗的选择

1. 苗种质量

购买鱼苗是生产中最重要的环节，应选购体长在5厘米以上的苗种。购买苗种前，应对育苗场的亲鱼种质、苗种质量和技术水平进行考察。一定要从国家级良种场或政府指定的育苗场购买。要求苗种体形完整，无伤、无残、无畸形和无白化。要求同批苗种的规格要整齐。要求鱼苗体表鲜亮、光滑，无伤痕，无发暗、发红症状，活动能力强，鳃丝整齐，无炎症和寄生虫。

2. 苗种运输

苗种运输要提前做好停食和降温工作。一般使用尼龙袋充氧装运，运输时间以20小时以内为宜。首先在袋内加入1/3左右经砂滤的海水，鱼苗计数装入袋内、充氧、封口，再装入泡沫箱或纸箱中运输。10升的包装袋，每袋可装全长5~10厘米的鱼苗50~100尾；全长15厘米的鱼苗，每袋可装30~50尾。鱼苗运输过程中，要尽量避免鱼体受伤、碰撞、破袋、漏气、漏水、氧气不足等现象发生。水温偏高或运输距离较远时，应在运输袋中加入少量冰块，以便降温和抑制细菌繁殖。

3. 入池条件

鱼苗放入池里的温差要控制在1~2℃范围内，盐度差在5以内，以避免或减轻鱼苗因环境改变而发生应激反应。

四、鱼种放养

1. 放养密度

养成阶段放养密度可参考表7。

表7　养成阶段的放养密度

平均全长/厘米	平均个体重/（克·尾$^{-1}$）	放养密度/（尾·米$^{-2}$）
5	3	200~300
10	10	100~150
20	85	50~60
25	140	40~50

续表

平均全长/厘米	平均个体重/（克·尾$^{-1}$）	放养密度/（尾·米$^{-2}$）
30	320	20～25
35	460	15～20
40	800	10～15

2. 控制和调整养殖密度

在实际生产中，要根据池水的交换量和鱼苗的生长等情况，对养殖密度进行必要的调整。控制养殖密度时，要考虑以下几个因素。

①当池水交换量小于每天6个量程以下时，要适当降低密度；当水交换量大于每天10个量程以上时，可酌情提高放养密度；也可根据检测水体中的溶氧量多少来决定增减密度。

②每个月对鱼进行取样称重，从而决定是否调整密度。

③充分利用养殖面积，既不能因为放养过密而引起某些养殖池内的鱼生长速度下降，也不能因为放养密度过小而浪费养殖面积。

④为避免分池操作过多发生胁迫反应对鱼的生长产生影响，每次分池和倒池前，需做好充分计划，以保证放养鱼在一个水池内至少稳定一段时间后，再进行分池操作。

五、饲料及投喂

1. 饲料的选择

海水鱼类养殖所用的饲料，要适合其不同生长阶段的营养需求，饲料中要包含适量的多种维生素、矿物质和高度不饱和脂肪酸等。所用饲料要容易投喂，饲料颗粒成型良好，在水中不易溃散。在选购饲料时，应检查饲料标签是否标明以下内容。

应标有“本产品符合饲料卫生标准”字样，以明示产品符合《饲料卫生标准》（GB 13078—2001）的规定；标明主要成分保证值，即粗蛋白、粗纤维、粗灰分、钙、总磷、食盐、水分、氨基酸等的含量；标明生产该产品所执行的标准编号、生产许可证和产品批准文号；标明规格、型号、净重、生产日期、保质期、生产者的名称和地址、电话等。

为杜绝病原生物从饲料中带入养鱼池内，建议工厂化养殖禁止使用湿性颗粒饲料和任何生鲜饲料。

2. 干性颗粒饲料的投喂方法

干性颗粒饲料的投喂量，依鱼的体质量、水温而定。在一定条件下，体质量为3～1 000克的鱼，投喂量为0.4%～6.0%。在苗种期间应尽量增加投喂次数，每天投喂6～10次，以后随着生长而逐渐减少投喂次数。长到100克左右，每天投喂4次；长到300克左右，每天投喂2～3次；长到500克，每天投喂2次；长到500克以上，每天投喂1～2次。

在夏季高水温期，每天投喂1次或2～3天投喂1次，投喂量控制在饱食量的50%～60%。

3. 投饲次数与投饲率

由于海水鱼类属于变温动物，不同水温条件下的摄食量有很大差异。一般在苗种期日投饵率在6%～4%，长到100克大致为2%左右，长到300克以上，大致掌握在0.5%～1.0%。

4. 投喂注意事项

在实际投喂时，还要根据下列情况灵活掌握、酌情调整。

①投喂时既要评估饲料的损失率、饲料效率，又要评估所用饲料对鱼的健康生长等方面。一般按鱼饱食量的80%～90%投喂比较经济合理。由于各池的换水率、放养密度、水温等不同，鱼每天的摄食量也不尽相同。所以在实际投喂操作时，要密切注意鱼的摄食状态、残饵量，随时调整投喂量。

②每次投喂可将总投喂量的60%先在全池撒投一遍，剩下40%根据鱼的摄食状态再进行补充撒投。

③大菱鲆耐高水温的能力比较弱，而且个体越大，耐高水温的能力越弱。因此，在高温期间，从维持鱼的体力出发，要按日投喂量的1/5～1/2，每天投喂1次或隔天投喂1次，并添加复合维生素。7—9月属高水温期，一定要减少投喂量，以便养殖鱼能维持较高的体力，保证存活率。水温下降到15℃以下时，方可投喂脂肪含量稍高的饲料。

六、水质管理

1. 养殖用水管理

目前的主要养殖模式为“温室大棚+深井海水”工厂化养殖模式，深井海水的质量直接影响和决定养殖鱼的质量。因此，选择适宜的海水井非常重要。岩礁岸断裂带打出的井，井深达80～120米，水质清澈，不含颗粒物，水化学成分与自然海水非常接近，并符合《无公害食品　海水养殖用水水质》(NY 5052—2001)的要求，周年水温为11～15℃，可视为优质的井水水源。其他沿岸带海水井水质情况如下。

粉泥沙岸带打出的井：如山东莱州，井深为18～22米，水质清澈，基本不含颗粒物，周年水温变化范围为14～18℃。

粗砂岸带打出的井：如山东海阳粗砂岸带打出的井，井深10米左右，水体清浊程度和水温受风力和潮汐影响较大，有时含微颗粒物（细沙）较多。周年水温变化范围较大，为8～23℃，盐度接近于自然海水。

粉泥沙带、卤水区打出的井：如山东昌邑和河北唐山等地粉泥沙带、卤水区打出的井，井深100～1 000米，在同一地区可以打出淡水井和卤水井，按需进行勾兑使用，周年水温变化范围为14～16℃。

养殖的水源可以不同，但都要求水质无污染。抽取的自然海水和井水，可根据水源水质的具体情况，进行必要的沉淀、过滤、消毒（紫外线或臭氧）、曝气等措施处理后再入池使用，尤其是地下井水含氧量低（最低的仅为0.2～0.5毫克/升），须充分曝气使进水口的溶氧量达到5～7毫克/升后入池使用。池内按每3～4平方米布气石1个，连续辅助充气，或充纯氧（液氧），使养鱼池内的溶氧量水平维持在6毫克/升以上，出水口处的溶氧量仍能达到5毫克/升。目前工厂化养殖普遍使用的曝气装置，主要有叶轮式曝气机和富氧发生器。前者主要用于入池前的曝气，后者主要用于入池的充气。现在已有不少厂家使用液氧，养鱼效果良好，密度和产量可以成倍提高。

海水和地下井水入池后，应根据养殖品种对环境条件的要求，调节养殖水体的水温、pH值、盐度，并创造池内良好的流态环境。

养成池水深一般控制在40～60厘米，日换水量为养成水体的5～10倍，并根据养成密度及供水情况进行调整。日清底1～2次，及时清除养殖池底和池壁污物，保持水体清洁、远离污染。

2. 日常水质管理

(1) 监测水质因子　养成期间要配齐仪器设备，定时检测水质，每天抽样检测养殖用水的水温、溶氧量、盐度、pH值、硫化物含量、氨氮浓度等，注意观察水质的色、味变化。

(2) 水质调节　主要通过调节水的交换量来控制。一般换水量保持在5～10个量程/天，具体需要根据养殖密度、水温及供水情况等因素进行综合考虑。水温超过适温时，要加大交换量；当水温长期处于适温上限时，应采取降温措施，以防止发生高温反应而导致养殖鱼充血发病死亡。

(3) 清污　每次投喂完毕可拔起池外排污立管，池底积存的残饵、粪便和其他污物便会随迅速下降的水位和高速旋转的水流排出池外。与此同时，要清洗池壁、充气管和气石上黏着的污物，捞出死鱼。死鱼应集中埋掉或用火焚化。水桶、捞网及其他工具要用漂白粉消毒后备用，做到工具配备到池，专池专用。

(4) 倒池　为保证池内外环境清洁卫生，养鱼池要定期或不

定期倒池。当个体差异明显，需要分选或密度日渐增大、池子老化及发现池内外卫生隐患时，应及时倒池，进行消毒、洗刷等操作。

（5）其他日常操作及注意事项 为了预防高温期疾病的发生，应采取降温措施。如遇短期高温，可加强海水消毒，加大流量，适当减少投喂量，增加饲料的营养和维生素水平等。各个养成池配备的专用工具，使用前后要严格消毒。出入车间和入池前，均要对所用的工具、水靴和工作人员手脚进行消毒。每日工作结束后，车间的外池壁和走道都要进行消毒处理。白天要经常巡视车间，检查气、水、温度和鱼苗有无异常情况，及时捞出体色发黑，活动异常，有出血、溃疡症状的病鱼，焚埋处理。晚上也要有专人值班，巡查鱼池和设备。每天晚上总结当天工作情况，并列出次日工作内容。每月测量生长一次，统计投饲量和成活率，换算为饲料转化率，综合分析养成效果。

七、病害防治和药物使用

1. 观察检测

用肉眼定时观察养殖鱼类的摄食、游动和生长发育情况，及时发现病鱼及死鱼，捞出病鱼和死鱼进行解剖分析、显微镜观察，分析原因，记录在案。对病鱼、死鱼作焚埋处理。

2. 防治原则

应坚持预防为主的方针，采取控光、调温、水质处理、使用安全消毒剂、增加流水量等综合措施进行防治。

3. 药物使用

在整个养殖过程中，药物使用应符合《无公害食品　渔用药物使用准则》（NY 5071—2002）的要求，并严禁使用农业部第193号公告中所列的药物，详见表8。

表8　农业部第193号公告所列的禁用药物

序号	药物及其他化合物名称	禁止用途
1	β－兴奋剂类：克仑特罗、沙丁胺醇、西马特罗及其盐、酯及制剂	所有用途
2	性激素类：己烯雌酚及其盐、酯及制剂	所有用途
3	具有雌激素样作用的物质：玉米赤霉醇、去甲雄三烯醇酮、醋酸甲孕酮及制剂	所有用途
4	氯霉素及其盐、酯（包括：琥珀氯霉素）及制剂	所有用途
5	氨苯砜及制剂	所有用途
6	硝基呋喃类：呋喃唑酮、呋喃它酮、呋喃苯烯酸钠及制剂	所有用途
7	硝基化合物：硝基酚钠、硝呋烯腙及制剂	所有用途
8	催眠、镇静类：安眠酮及制剂	所有用途
9	林丹（丙体六六六）	杀虫剂
10	毒杀芬（氯化莰烯）	杀虫剂、清塘剂
11	呋喃丹（克百威）	杀虫剂
12	杀虫脒（克死螨）	杀虫剂
13	双甲脒	杀虫剂
14	酒石酸锑钾	杀虫剂
15	锥虫胂胺	杀虫剂
16	孔雀石绿	抗菌、杀虫剂
17	五氯酚酸钠	杀螺剂
18	各种汞制剂包括：氯化亚汞（甘汞）、硝酸亚汞、醋酸汞、吡啶基醋酸汞	杀虫剂
19	性激素类：甲基睾丸酮、丙酸睾酮、苯丙酸诺龙、苯甲酸雌二醇及其盐、酯及制剂	促生长
20	催眠、镇静类：氯丙嗪、地西泮（安定）及其盐、酯及制剂	促生长
21	硝基咪唑类：甲硝唑、地美硝唑及其盐、酯及制剂	促生长

八、成鱼出池

1. 成鱼上市要求

成鱼上市要求体态完整，体色正常，无伤、无残，健壮活泼，大小均匀。养成鱼达到商品规格时可考虑上市。上市前要严格按照休药期规定的时间停药，使用过的药物要低于国家规定的药物残留限量值方可上市出售，无公害食品应符合表9的限量值要求。目前国内活鱼上市规格为每尾至少要达500克以上，国际市场通常达到每尾1千克以上，今后应提倡大规格商品鱼上市，以便与国际市场接轨。

表9　无公害水产品中渔药残留限量要求

药物类别		药物名称		指标(MRL)/(微克·千克$^{-1}$)
		中文	英文	
抗生素类	四环素类	金霉素	Chlortetracycline	100
		土霉素	Oxytetracycline	100
		四环素	Tetracycline	100
	氯霉素类	氯霉素	Chloramphenicol	不得检出
磺胺类及增效剂		磺胺嘧啶	Sulfadiazine	100（以总量计）
		磺胺甲基嘧啶	Sulfamerazine	
		磺胺二甲基嘧啶	Sulfadimidine	
		磺胺甲噁唑	Sulfamethoxazole	50
		甲氧苄啶	Trimethoprim	
喹诺酮类		噁喹酸	Oxilinic acid	300
硝基呋喃类		呋喃唑酮	Furazolidone	不得检出
其他		己烯雌酚	Diethylstilbestrol	不得检出
		喹乙醇	Olaquindox	不得检出

2. 商品鱼运输

商品鱼出池时将池水排放至15～20厘米深度，用手抄网将鱼捞至桶中，然后计数、装袋、充氧、装箱发运。一般采用聚乙烯袋打包装运，车运或空运上市。运输前要停食一天，进行降温处理，根据具体品种调节水温。程序是首先在袋内加注1/5～2/5的砂滤海水，然后放鱼、充氧、打包，再封装入泡沫箱中。运输鱼体质量和水重量比为1∶1左右。解包入池时，温差要求在2℃以内，盐度差在5以内。

（山东省渔业技术推广站　李鲁晶）

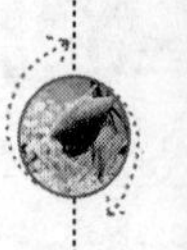

池塘生态修复技术

一、池塘条件

1. 位置

池塘要选建在水源充足，交通、供电方便的地方，既有利于灌水、排水，也有利于鱼种、饲料、成鱼的运输。

2. 水源、水质和产地环境

池塘选址应有良好的水源条件，水量充足，溶氧量高，不含有毒物质，远离污染源，质量符合《无公害食品　淡水养殖用水水质》(NY 5051—2001) 的要求，并能保证正常加注新水。河流、湖泊、水库的水均可引用。产地环境应符合《农产品安全质量　无公害水产品产地环境要求》(GB/T 18407.4—2001) 的规定。

3. 面积和深度

面积大、水较深的池塘，溶氧状况较好，水质易保持稳定，鱼类活动空间大，有利于鱼类生长。但面积过大，则不便于管理；面积太小，水质又难以调节，一般要求面积在 5 ~ 15 亩，通常以 10 亩左右为宜。池塘深度可在 2 ~ 3 米，水深能保持 2 米左右。

4. 形状和环境

池塘应排列整齐，有规则，最好呈东西向，长方形，长与宽的比例以 5∶3 或 3∶2 为佳。这样有利于接受较长时间的光照，在低温时便于快速提高水温，促进浮游生物繁殖；同时，也便于拉网操作。池塘周边，不要栽植高大的树木，也不宜有过高的建筑物，以免遮光影响水面的光照和自然通风条件。池边及水中不要留有杂草，以防吸收养分。

5. 土质条件

养殖鲤科鱼类的池塘以壤土为好，黏土次之，沙滩土最差。池底淤泥不要太深，一般保持10~15厘米即可。

6. 机械配置

一般应配置增氧设备，排水、灌水设备和运输工具等。

二、日常管理

1. 水质

要始终保持“肥、活、爽”。肥，表明水中有大量的浮游生物，营养盐类十分丰富；活，表明水的颜色经常变化，各个月份水色有所不同，就在一天中，因水温、光照不同，上午、下午和上风、下风处也有变化，水色变化的主要原因是水中浮游生物数量多，质量优，优势种群交替出现；爽，是要求水的透明度比较适中，保持在25~40厘米，水质既不过浓，也不过淡，水中溶解氧充足。

2. 施肥、投饲

要求做到“匀、好、足”。匀，是要求在饲养过程中要不断地、均匀地投喂饲料、施肥，前后两次的投饲量相差不大，除施基肥外，前后两次追肥的用量也很接近；好，是要求所投喂的饲料与所施用的肥料质量良好；足，是要求投饲量适当，不能过多，也不要过少，以使鱼类在规定的时间内吃完为宜。施肥量，也要适中。

3. 坚持经常巡塘，观察鱼类动态

要坚持早晨、中午和傍晚3次巡塘。早晨巡塘主要观察鱼类有无浮头现象，如有浮头发生，是在何时，程度如何。中午巡塘主要观察鱼类活动及摄食情况；傍晚巡塘主要观察鱼类全天摄食情况，检查有无残饵，有无浮头先兆。如遇天气闷热、阴雨即将来临，要增加巡塘次数，重点是在夜间要坚持巡塘，观察鱼类浮头的轻重，并随时准备解救，防止泛池。

4. 池塘水质的日常检测

水产养殖场一般应配备必要的水质检测设备，用于池塘水质的日常检测。水质检测设备包括便携式水质检测设备以及在线检测控制设备等。水产养殖场一般应配备便携式水质监测仪器，以便及时掌握池塘水质变化情况，为养殖生产决策提供依据。便携式水质检测设备具有轻巧方便、便于携带的特点，适合于野外使用，可以连续分析测定池塘的一些水质理化指标，如溶氧、酸碱度、氧化还原电位、温度等。应制定池塘的水质监测制度，注意培养和调节水质，养殖用水应符合《无公害食品　淡水养殖用水水质》（NY 5051—2001）标准的要求。

三、池塘生态系统的概念和生态物质循环途径

1. 池塘生态系统的概念

池塘生态系统是指生活在同一池塘中的所有生物的总和。生态系统是由生态物质组成的，包括所有的水生动物、植物和微生物。对池塘生态系统影响最重要的生态物质是养殖水产动物、饲料和水体微生物。

池塘生态系统有自净功能，构成水体生态系统的各种生态物质比例相对稳定，生态物质功能各异，但各负其责，共同完成水体生态系统的正常循环。如果投入池塘生态系统的生态物质适中，循环途径畅顺，池塘生态系统就能保持正常运转。但因为池塘生态系统的自净功能是有限的，如果片面、过多地投入某种生态物质（如饲料或消毒剂），生态循环途径受阻，平衡被破坏，就会造成池塘中有害的生态物质堆积。这就是所谓的水体被污染。因此，生态物质的投入种类和数量，对于池塘生态系统的相对平衡、稳定有着至关重要的作用。

2. 池塘生态系统主要生态物质的循环途径

（1）碳（C）的生态循环途径　生物的营养物质包括蛋白质、

脂肪和糖类，都含有碳元素。其生态循环过程有两种：一是通过碳的生物性同化作用，合成水产动物的体重部分，即所谓的生物生长；二是通过碳的生物性异化作用，使有机碳水化合物转化成二氧化碳。碳的第一去向增加了水产动物的养殖产量；碳的第二去向是使生态系统中的二氧化碳增加。二氧化碳是藻类进行光合作用的必需物质，而且可增加池塘水体中的缓冲能力。产生多余的二氧化碳，由水体直接散逸至大气中。二氧化碳不具毒性，因此，在碳的生态循环过程中，不会对水体及水产动物造成危害。

（2）氮（N）的生态循环途径 氮是蛋白质的重要组成元素，水产动物大部分肌肉是由蛋白质构成的。饲料中蛋白质的含量相对较高，一般为 40% 左右。水产动物摄食蛋白质后，在消化系统中分解为氨基酸而被吸收，经同化作用重新合成新的蛋白质，以修补细胞组织，构建体质，增加体重。蛋白质转化为水产动物身体的一部分，形成养殖的产量。因此，氮的第一个重要生态循环和碳一样，被固定在水产动物体内。

水产动物所摄食的饲料，尚有少量未完全被消化的蛋白质，以排泄物的形式，进入了池塘的生态系统中。同时，有少量饲料蛋白质散落或溶解于水中（即残饵），这些蛋白质被异营养型细菌所利用，迅速分解，同样产生氨（NH_3），进入池塘生态系统中。

蛋白质也是能量来源之一。构成动物体重的蛋白质，也会再次分解成氨基酸，通过异化作用，由蛋白质变成氨，同时释放出能量，氨随着排泄物被排出，进入养殖池塘的生态系统中。

因此，构成蛋白质的有机态氮，通过氮的生物性异化作用，转化成一种氮态化合物氨。而氨在池塘生态系统中存在两种方式：一种是分子态的氨，另一种为离子状态的铵（NH_4^+）。前者有毒，后者无毒，受水中各种因素的影响，两者可互相转化。氨态氮（NH_3）继续在水中生态循环，一部分被藻类利用，可促进藻类的生长繁殖，而大部分则被异养型硝化细菌转化成亚硝酸盐（NO_2^-），再经过亚硝化细菌而被转化成硝酸盐（NO_3^-），硝酸盐经过反硝化细菌再进一步转化成游离状态的氮（N_2），逸出水体进

入大气中。

由上可知：进入池塘生态系统的有机氮（N）元素，经过生物性同化作用，被固定在生物体内，形成产量；经过生物性异化作用，在池塘生态系统中产生了氨（NH_3）或铵（NH_4^+），亚硝酸盐（NO_2^-），硝酸盐（NO_3^-）和氮气（N_2）。氨（NH_3）和亚硝酸盐（NO_2^-）毒性很大，对水产动物有强烈的毒害作用，必须通过水质管理来调节其浓度，否则后患无穷。

（3）硫（S）的生态循环途径 硫是含硫蛋白质的组成部分，通过与氮元素相同的方式进入水体的生态系统中，其生态循环进入池塘的生态系统，并对后者产生很大影响。含硫蛋白质被水产动物摄食后，经胃蛋白酶及胰脏蛋白水解酶的消化作用，形成含硫氨基酸被吸收，同化成生物体，即形成产量。一般来说，同化成生物体的含硫蛋白质中的硫元素，在生物体内重复循环，不会排出体外。硫元素的生态循环过程有两种结果：一是受水中好气细菌分解而产生硫酸盐，被溶解于水中或沉淀池底；二是受水中嫌气细菌的分解而产生硫化氢（H_2S）。硫酸盐无毒，多发生于富氧水体；硫化氢（H_2S）有剧毒，有臭鸡蛋气味，易产生于缺氧水体。硫化氢（H_2S）常沉积于池塘底部，造成池底被污染。

（4）磷（P）的生态循环途径 养殖水体中磷的生态循环与硫相似。磷元素在饲料中是必不可少的，占有一定的含量。饲料中的磷，一部分经过同化作用，被固定在水产动物体内，形成体重；其余部分随着排泄物而进入池塘生态系统中。未被消化吸收进入池塘生态系统中的无机磷，经细菌的磷化作用产生磷酸，磷酸与某些金属离子结合，形成磷酸盐，最后沉积于池底。磷酸盐不具毒性，微溶于水，不会对水产动物造成危害。

此外，其他微量元素，如钙、镁、铁、锌、钴、铜、锰、硒等，虽然在生态系统中也很重要，但它们在生态系统循环途径中，一般不足以对池塘生态系统造成危害。

从以上分析中得出结论：在投喂人工饲料的水产动物养殖中，池塘生态系统中产生了氨氮（NH_3）、亚硝酸盐（NO_2^-）和硫化氢（H_2S）等有毒物质，同时产生了大量的有机物（粪便）等有害物质。氨氮、亚硝酸盐和硫化氢等对水产动物的危害，主要表现在：通过鳃部进入体内，破坏鳃表皮，降低体内离子浓度（Na^+、K^+）和离子交换功能，使生物体内多种酶的活性受到抑制，增加鳃的通透性，并降低血液的携氧能力，导致免疫抗病能力、生殖能力和生长速度下降，增加疾病易感性。

四、高强度集约化养殖对水体生态系统的影响

1. 高强度投喂饲料的后果

现代水产养殖是以获取最大利润为目的。因此，集约化、高强度养殖是获得利润的唯一手段。提高养殖密度，必然大量投喂饲料，使得水体残存饲料增加，生物排泄粪便增多。换言之，就是向池塘生态系统中片面大量地投入了某种生态物质，这些生态物质在一定的时间内未被消耗或排出，导致了大量堆积，这些物质被称为污染物。一方面，污染物产生各种有毒有害成分，同时给病原微生物生存创造了有利的条件，并直接为病原微生物的繁殖提供营养和能量，致使病原微生物大量滋生；另一方面，污染物大量消耗水中氧气，直接造成水体溶解氧（DO）含量减少或缺乏，导致养殖动物产生应激反应，免疫能力下降，从而直接或间接地危害养殖动物健康。

2. 强制性施用消毒剂的负面影响

池塘生态系统是一个相对平衡的体系，有缓冲效应。一旦平衡体系被破坏，病原微生物就会大量繁殖，乘虚而入，侵袭养殖动物，临床表现为感染或发病。此时，消毒是唯一杀灭病原微生物的方法。但不分青红皂白地使用消毒剂会将生态系统内的所有微生物统统杀灭。频繁和超量使用消毒剂，产生大量污染物，特别是被杀灭的微生物尸体，会引起池塘生态系统的二次污染。这些污染物由于缺乏分解者（硝化细菌、亚硝化细菌）而被堆积起来，因此，有害物质氨氮和亚硝酸盐等的含量急剧上升。

五、池塘生态系统修复

（一）池塘生态系统修复的原理

由于人工高强度的投入，打破了池塘中自然生态系统的平衡。为了使生态系统循环途径顺畅，就必须使用人工的方法，在被破坏的池塘生态系统中投入适量的生态物质，通过生态物质对污染物的有效吸附、氧化、分解、转化，达到降低、消除污染物的目的，因此，在更高层次上建立起平衡的、新的池塘生态系统。

（二）池塘生态系统的修复

1. 池塘水体物理和化学方法修复

（1）水泵注水 池塘在6—9月份，每周进水5厘米（晴天下午，阴雨天半夜或凌晨）。设置1/6水面的无水草通道，以利于水体流动。

（2）化学增氧 在梅雨、高温季节向池塘投撒颗粒型增氧剂（如过碳酸钠），沉降池底，缓释活性氧，增加底层溶解氧，以促进有机物质的分解。

（3）添加水质改良剂 在5—9月份向池塘泼洒生石灰，以调节pH值，补充钙质，用量为75～150千克/公顷 。

（4）水层交换设备 在池塘养殖中，由于水的透明度有限，一般1米以下的水层中光照较暗，水的温度下降，光合作用很弱，溶解氧含量较低，池塘底层存在着“氧债”，若不及时处理，会给夜间池塘养殖鱼类造成危害。水层交换主要是利用机械搅拌、水流交换等方式，打破池塘光合作用形成的水分层现象，充分利用白天池塘上层水体光合作用产生的氧气，来弥补池塘底层水中的耗氧需要，实现池塘水体的溶解氧平衡。水层交换机械主要有增氧机、水力搅拌机和射流泵等。

2. 池塘植物修复

池塘中的水草分布要均匀；挺水性、沉水性及漂浮性不同种类的水草要合理搭配栽植，保持相应的比例，以适应养殖对象生长栖息的要求。

（1）**栽插法**　首先浅灌池水，将尹乐藻、轮叶黑藻、金鱼藻等带茎水草切成小段，长度约为15～20厘米，然后像插秧一样，均匀地插入池底。池底淤泥较多，可直接栽插。若池底坚硬，可事先疏松底泥后再栽插。

（2）**抛入法**　菱、睡莲等浮叶植物，可用软泥包紧后直接抛入池中，使其根茎能生长在底泥中，叶能漂浮于水面。每年的3月份前后，也可在渠底或水沟中，挖取苦草的球茎，带泥抛入水沟中，让其生长。

（3）**移栽法**　茭白、慈姑等挺水植物，应连根移栽。移栽时，应去掉伤叶及纤细劣质的秧苗，移栽位置可在池边的浅滩处，要求秧苗根部入水在10～20厘米之间，株数不能过多，每亩保持30～50棵即可，否则会大量占用水体，反而造成不良影响。

（4）**培育法**　瓢莎、青萍等浮叶植物，可根据需要随时捞取，也可在池中用竹竿、草绳等围隔一个角落进行培养。只要水中保持一定的肥度，它们都可生长良好。若水中肥度不大，可用少量化肥化水泼洒，促进其生长发育。水花生因生命力较强，应少量移栽，以补充其他水草不足。

（5）**播种法**　近年来，最为常用的水草是苦草。苦草的种植对于有少量淤泥的池塘最为适合。播种时水位应控制在15厘米，先将苦草籽用水浸泡一天，再将泡软的果实揉碎，把果实里细小的种子搓出来。然后加入约10倍于种子量的细沙壤土，与种子拌匀后播种。播种时要将种子均匀撒开。每公顷水面播种量为1千克（干重）。在种子播种后，要加强管理，提高苦草的成活率，使之尽快形成优势种群。

3. 池塘水生动物修复

（1）**螺蛳的投放与管理**　检查螺蛳的生长与分布情况，对局部地区螺蛳密度过大（超过100个/米^2）的要及时疏散；当螺蛳的密度不足30个/米^{2}时，要及时增投螺蛳。

（2）**滤食性鱼类的投放**　投放规格为50～100克/尾的鲢鱼、

鳙鱼750尾/公顷，鲢鱼、鳙鱼比例为5∶1；或投放规格为20～50克/尾的细鳞斜颌鲴750～1 500尾/公顷。

（3）鳜鱼种的投放 投放鳜鱼种的规格应在5厘米以上。放养密度宜小不宜大，完全利用池内浅水底层**鮈**、鲫、鳑**鲏**等野杂鱼，投放量控制在150～200尾/公顷。有专池培育的饵料鱼可适当多放，一般放养密度为200～350尾/公顷。

4. 微生物修复

可选用光合细菌、硝化细菌、芽孢杆菌、放线菌、酵母菌、乳酸菌、益生素、益水宝、EM菌等微生物制剂。用法用量：微生物制剂可全池泼洒，用量为5～10毫克/升。4—6月每15～20天进行一次，晴天10：00左右使用；7—8月份拌泥抛入池底。注意不要与消毒剂、抗生素等同时使用，防止丧失功效。

5. 生物浮床

生物浮床净化是利用水生植物或改良的陆生植物，以浮床作为载体，种植在池塘水面，通过植物根系的吸收、吸附作用和物种竞争相克机理，消减水体中的氮、磷等有机物质，并为多种生物生息繁衍提供条件，重建并恢复水生态系统，从而改善水环境。生物浮床有多种形式，构架材料也有很多种。在池塘养殖方面，应用生物浮床须注意浮床植物的选择、浮床的形式、维护措施、配比等问题。

6. 生态坡

生态坡是利用池塘边坡和堤埂修建的水体净化设施。一般是利用砂石、绿化砖、植被网等固着物，铺设在池塘边坡上，并在其上栽种植物，利用水泵和布水管线，将池塘底部的水提升并均匀地布撒到生态坡上，通过生态坡的渗滤作用和植物吸收截流作用，去除养殖水体中的氮磷等营养物质，达到净化水体的目的。

六、池塘生态修复实例（安徽省淮南市池塘水体原位修复技术）

1. 池塘底质改良技术

利用化学底质改良剂改良池塘底质；利用各种有益菌改善水质和底质；在河蟹养殖池塘种植水草改善底质。如在施家湖水面 5 000 亩的池塘中养殖河蟹，池塘全部栽植伊乐藻，水草面积控制在水面的 2/3 以下。用物理方法改善池塘底质。每年都适当清淤，始终使塘口淤泥不超过 10 厘米。如凤台县南美白对虾养殖，利用每年 11 月至翌年 4 月的空塘时间进行清淤；也可以采取冬季干冻的方法，如部分苗种塘或成鱼养殖塘，在 11 月至翌年 2 月，抽干池塘底水，冻干池底。

2. 水上生物浮床恢复技术

2009 年，蔡城塘渔场和窑河渔场，分别在池塘和网箱的水面上培植水生蔬菜，如空心菜、鱼腥草等。通过搭建生态浮床、移植水培植物，使水生植物的生长吸附养殖水体中的有机磷、有机氮等，达到降解养殖水体的富营养化，以减少换水次数、减少病害发生，同时水生经济作物的分期收割，也增加了单位水面面积的收入。该方式每亩可增收节支 10% 以上（图4）。

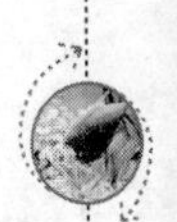

图4　通过培植水生蔬菜搭建的生态浮床

3. 生物控藻技术

利用甲鱼养殖过程中的肥水，在池塘中高密度放入鲢、鳙鱼苗，待鱼苗下塘半个月以后，每天捕获一部分鱼种加入甲鱼饲料中投喂甲鱼，这样既保证了甲鱼饲料的新鲜，又降低了商品甲鱼的饲养成本，同时也提高了池塘甲鱼的品质，起到了“一举三得”的效果，采用该方法降低生产成本30%以上，效益提高20%。

4. 固定化物理法修复技术

在养殖虾、蟹等的池塘中，设置微孔增氧设备、设施，根据养殖生产需要，适时开启增氧设备，一方面可改善池塘生态环境；另一方面也有利于提高养殖产量，效果十分显著。目前，该技术在安徽省淮南市推广面积已达1 000亩。

（安徽省水产技术推广总站　奚业文）

池塘底部微孔增氧技术

池塘底部微孔增氧技术是近几年来涌现出来的比较经济实用的养殖新技术。该项技术在浙江省部分池塘中应用以来效果显著，能提高产量、降低能耗和饲料成本、提高经济效益，被认为是一项节能、高效、生态型的实用技术。

一、工作原理

水体是水生动物生活的环境，水中的溶解氧是它们赖以生存的最基本的必要条件之一。如果没有足够的氧气，水产物种容易患病，甚至死亡。在鱼、虾高密度养殖中，水中溶解氧的多少，决定着水体容纳生物的密度，即使水质良好，由于喂养饲料和动物排泄物带来的大量营养和有机物质，水塘也会出现溶解氧含量过低的现象。因此，增氧显得尤为重要，使用增氧机可以有效补充池塘中的溶解氧。一般用水车式增氧机的池塘，上层水体很少缺氧，但却难以提供池底充足氧气，所以缺氧都发生在池塘底部。池底微孔增氧技术正是利用了池塘底部铺设的管道，把含氧空气直接输到池塘底部，从池底往上向水体散气来补充氧气，使底部水体一样保持较高的溶解氧含量，以防止底层缺氧引起的水体亚缺氧。池塘底部微孔增氧技术的工作原理是通过罗茨鼓风机，经充气管将空气输入池塘水体中，气泡破裂，将氧气弥散入水中，达到增氧的效果。充气作用使水体上下垂直运动，将水体表层光合作用产生的丰富的溶解氧输入到池塘的底层，迅速提高底层水体的溶解氧水平。溶解氧水平的提高，有利于池塘的氧化反应，加快池底有机物的分解，有效降低硫化物、亚硝酸盐、氨氮等有毒有害物质的浓度，达到防病和立体利用养殖水体的效果，促进营底层生活的对虾、梭子蟹、河蟹以及贝类、甲鱼等养殖动物的

生长效果。由于充分利用了光合作用的能源，从而降低了机械增氧的能源消耗，达到节能的效果。

二、普及应用情况

目前，在浙江省安装应用的池塘底部微孔增氧设施主要有两种方式：一种是整机采购，用纳米管作为曝气管，并根据纳米管铺设方式，分为条式、盘式和点式三种；另外一种是自行安装，以PVC管打孔作为曝气管。总体成本在150～800元/亩。截至2009年底，浙江省有杭州、宁波、舟山、嘉兴、绍兴、台州6个地级市的26个县（市、区）采用了池塘底部微孔增氧技术，推广面积达到4.59万亩，主要集中在南美白对虾、三疣梭子蟹、锯缘青蟹、罗氏沼虾等虾、蟹池塘养殖中，甲鱼、鳜鱼、黑鱼、常规鱼类养殖中，也有推广应用。其中，南美白对虾为3.2万亩，梭子蟹为8 800余亩，锯缘青蟹为1 600余亩。

三、增产增效情况

池塘底部微孔增氧技术比传统增氧机可节省电费30%。通过应用该技术，可使池塘养殖鱼、虾、蟹等发病率降低15%，每亩鱼产量提高10%、虾产量可提高15%，蟹产量可提高20%，综合效益可提高20%～60%；同时，还有利于提高成活率、放养密度和养殖品种的生长速度。

四、技术要点

1. 池塘要求

养殖场应具备相应的电力设施或匹配相应的动力设备。养殖南美白对虾的池塘面积以4.5～30亩为宜，方形或长方形（长宽比为2∶1），水深1.5～2.5米，底部平整。养殖梭子蟹的池塘面积为15～30亩，水深1.2～2米，长方形（长宽比为3∶1）。其他水产养殖对象的池塘养殖可参照执行。

2. 设备要求

设备包括鼓风机、动力设施（电动机或柴油机）、镀锌钢管、微孔管或塑料（PVC）管、阀门定时开关等，同时应配备水质检测仪器。

（1）鼓风机 宜选择罗茨鼓风机或层叠式鼓风机。罗茨鼓风机质量应符合《中华人民共和国环境保护行业标准 环境保护产品技术要求：罗茨鼓风机》（HJ/T 251—2006）的规定，出气风压不得低于3 500～5 000毫米水柱。

（2）管道 主管道采用镀锌钢管或PVC管，主管道的直径与鼓风机出口口径相匹配，一般为75～100毫米。充气管道选择微空管或PVC管道，充气管的直径为10～15毫米。微孔管和PVC管增氧效果相比，夜间试验结果：微孔管组与PVC管组的溶氧增加值表层分别为1.53毫克/升和1.18毫克/升，底层分别为1.58毫克/升和1.26毫克/升。白天试验结果：微孔管组的底层溶解氧为7.77毫克/升，PVC管组为6.11毫克/升。微孔管组略高于PVC管组。采用微孔管和PVC管作为充气管道，两者的增氧效果没有显著差异，但由于两种材料的价格存在差异，从节约投资和使用方便及耐用性考虑，选择PVC管作为南美白对虾和梭子蟹生产性养殖的底充式增氧充气管则更为经济、实用。

（3）功率配置 增氧形式以微孔管道增氧和水车式增氧结合的形式为佳。底充式增氧鼓风机动力的功率配置，与池塘的水位、水环境状况、养殖动物的密度、养殖动物的需氧要求等因素有关。参考《无公害食品 三疣梭子蟹养殖技术规范》（NY/T 5163—2002）和《无公害食品 南美白对虾养殖技术规范》（DB13/T 518—2004），设定池塘底层溶解氧含量最低值（临界值）为3毫克/升，并作为底充式增氧鼓风机动力功率配置的依据，鼓风机动力功率配置0.3千瓦/亩，就可以满足养殖池塘溶解氧最低含量的要求。但按照当地南美白对虾和梭子蟹养殖方式，考虑到池塘水体溶解氧的主要来源为水体浮游植物光合作用，底充式增氧可以充分利用水体表层光合作用产生的溶解氧，南美白对虾池塘底充

式增氧的鼓风机动力功率配置选择0.2千瓦/亩，水车式增氧机的配备功率0.1千瓦/亩；梭子蟹养殖池塘鼓风机动力配置选择0.15千瓦/亩，可以基本满足养殖水质的要求；其他水产养殖对象的池塘养殖可参照执行。

3. 设备管道安装

（1）鼓风机安装 鼓风机出风口处安装分气装置或在近鼓风机的主管道上安装排气阀门。

（2）管道安装要求 ①鼓风机出气口处安装储气包或排气阀，充气可采用集中供气或分池充气的方法，单池或多池并联的方式。

②主管道采用镀锌钢管或塑料材料（PVC）管，埋于泥土中。主管道的直径为100毫米，充气管道直径为25毫米。主管道与充气管有阀门控制，便于调节气量。

③充气管道以单侧排列为主或呈“非”字形排列。南美白对虾充气管采用微孔管或PVC管，梭子蟹养殖充气管道以PVC管为宜。从不同充气管道间距的溶解氧检测值比较结果，充气管道处与两条管道之间在水平方向上的溶解氧含量差异很小，充气管道处和管道之间水体表层与底层的溶解氧含量“水层差”为0.04～0.47毫克/升。考虑到南美白对虾养殖密度大，梭子蟹养殖密度相对小一些，南美白对虾养殖池塘以PVC管作为充气管的管道间距设为4～6米，气孔间距为1米，孔径为0.4～0.6毫米。微孔管作为充气管道的管道间距设为6米（图5）。梭子蟹池塘的管道间距一般为8～10米，气孔的间距为4米，孔径为0.4～0.6毫米。PVC管铺设在池底，微孔管离池底10厘米，用竹竿或木桩固定。

④充气管在池塘中安装的高度，尽可能保持一致，底部有沟的池塘，滩面和沟的管道铺设宜分路安装，并有阀门单独控制。

4. 使用方法

（1）安装时间 微孔管道增氧设施安装应掌握在养殖生产开始前15～20天完成。

图5　微孔管作为充气管道

（2）开启时间　南美白对虾养殖池塘，养殖前期开启时间一般为10：00—12：00，02：00—04：00；养殖中、后期开启时间一般为10：00—12：00，14：00—16：00，22：00—24：00，04：00—06：00。水车式增氧机开启时间一般在02：00—06：00，投喂饵料2小时内停止开机。梭子蟹养殖池塘，一般在高温季节使用，开启时间为08：00—10：00，14：00—16：00，22：00—24：00，03：00—05：00。遇台风、暴雨等特殊气象天气时，底充式增氧设施和水车式增氧机同时开启，并根据池塘水质状况延长增氧机开启时间。

5. 注意事项

①保持池塘浮游藻类良好和稳定的藻相，掌握适当的藻类密度，谨慎使用渔药，防止藻类死亡。一般掌握池水的透明度为30厘米，南美白对虾池塘的透明度为20～30厘米，并保持藻类的鲜嫩。正确掌握水质调控技术，切勿在高温季节使用除藻剂，慎防池水藻类死亡腐败。

②防止电动机发热，注意鼓风机的风压是否符合要求，充气管道出气孔是否与鼓风机风量匹配。

③PVC主管道安装时，将管道埋在泥土中，避免太阳曝晒老化；微孔充气管道，不可拉、折，防止管道折损漏气。使用一段时间后，气孔易堵住，最好经太阳晒一下后再使用。

④要配合使用水车式增氧机，使水体的溶解氧均匀。

⑤经常检查增氧设施是否完好，发现问题及时修复。

⑥高密度养殖池塘，池底增氧机宜长期开机。

五、适宜区域

各地区海水、淡水养殖池塘。

六、应用典型

近几年来，浙江省在南美白对虾、梭子蟹、锯缘青蟹、罗氏沼虾等养殖生产中广泛推广应用池底微孔增氧技术，在节能、降本、增效方面发挥了较好的作用，还涌现出不少成功典型。

1. 在南美白对虾养殖中的应用效果

2008 年浙江省共有 29 900 亩南美白对虾池塘在养殖生产中应用底部增氧设施，是最广泛采用该技术的养殖品种，6 个地级市采用了该技术，平均亩增效益 812 元。

（1）上虞市推广实例　浙江省上虞市 2008 年推广应用池底微孔增氧技术，养殖面积达到10 350亩，养殖对虾产量达 3 363 吨，平均亩产 325 千克，比常规养殖增产 12.1%。

养殖示范户楼永兴，养殖面积 143 亩，全部采用该技术。池塘每口面积为 3 亩，每 5 口池塘配备 1 台 2.2 千瓦空压机，池底铺设纳米管，同时每口池塘配 0.75 千瓦水车式增氧机 2 台。2008 年分 3 次放苗，每亩放苗 6.15 万尾。经过 72 天养殖，开始捕大留小，收获产量占总量的 1/4，留塘苗种养到 10 月份全部起捕。最高亩产达到 510 千克，平均亩产 428 千克，亩利润达5 648元。

养殖示范户施海峰开展池底微孔增氧与常规水车式增氧的对比试验。池底微孔增氧养殖面积 78 亩、常规水车式增氧养殖面积 50 亩。经过近 5 个月养殖，池底微孔增氧养殖平均亩产南美白对虾 450 千克、亩利润 6 130 元；而常规方法养虾平均亩产 365 千克、亩利润 3 750 元，且对虾规格不匀。两者相比，采用池底微孔增氧技术比单用水车式增氧养殖，南美白对虾产量高24%、效益提高64%。

（2）**慈溪市推广实例** 浙江省慈溪市2007年南美白对虾养殖推广应用池底微孔增氧技术3 190亩，平均亩产比全市提高93.5千克，增产23%；2008年南美白对虾养殖使用池底微孔增氧技术的面积达5 200亩，总增收节支1 170万元，平均每亩增收节支2 250元。通过比较效益得出：采用池底微孔增氧的方式，只要每亩配置0.138千瓦增氧机即能满足养殖需要，比常规增氧方式的功率配置（0.730千瓦/亩）降低80%，每亩电费减少42.3%，每千克虾电费降低47.5%；饲料利用率也提高23%。PVC管比纳米管既经济又实用，安装成本可节约250～400元，安装适宜距离为8米，安装费用在400元/亩左右。

2. 在三疣梭子蟹养殖中的应用效果

2008年共有6 791亩梭子蟹养殖池塘在生产中应用池底微孔增氧设施，平均每亩增加效益1 097元，主要集中在浙江省宁波市的象山、鄞州、宁海县和舟山市的定海区、普陀区、岱山县及台州市的三门县。象山县梭子蟹养殖面积3 000亩，平均亩产55千克，增产20%以上。

（1）**岱山县东沙养殖场** 试验面积350亩，共13口普通养殖池塘安装11套池底微孔增氧设施，平均每亩配置功率0.1千瓦的增氧机，PVC充气管道直径15毫米，每隔3～4米打一个孔，孔径为0.6毫米，管道间距在10米之内。池底微孔增氧设施在7月中旬至10月中旬启用，开机时间一般在14：00—16：00，00：00—05：00，遇到异常天气则延长开机时间。至2009年1月全部起捕，安装有池底微孔增氧设施的养殖池塘比没有安装的平均亩产高10千克；脊尾白虾平均亩产高17千克，每亩增加效益1 200元。

（2）**象山县西周对虾莲花塘养殖场** 推广使用池底微孔增氧设施养殖面积350亩，平均亩产达到60千克以上。其中蔡贤裕养殖户的养殖池塘面积70亩，采用该增氧方式，开展梭子蟹精养，2007年梭子蟹亩产达到90千克，2008年梭子蟹亩产达到75千克。

3. 在锯缘青蟹养殖中的应用效果

2008 年共有 1 770 亩养殖池塘应用池底微孔增氧技术，平均每亩增加效益 867 元。主要集中在台州市三门县。

（1）三门县头岙村 养殖面积 25 亩，采用直径为 16 毫米的 PVC 管作为充气管，孔径 0.6 毫米，孔距 60 厘米，管距 8 米。截至 2008 年年底，锯缘青蟹亩产 71 千克，比往年亩增产 6 千克。泥蚶（共 3 亩）亩产1 500千克、脊尾白虾亩产 35 千克，亩效益为 2 560 元，每亩增加效益 880 元。

（2）温岭养殖场 2008 年在温岭市 3 口锯缘青蟹养殖池塘中开展应用池底微孔增氧设施进行养殖的试验。充气管为纳米管，平行铺设在环沟内，间距4～8 米，用砖块捆绑固定于池塘底部，距塘底 5～10 厘米。2007 年 9—10 月份放养蟹苗（秋苗），每亩放养 3 500～4 000 只，比传统放养的 2 000 只多放 75%～100%，至越冬前平均规格为 100 克，与传统养殖方式下个体大小差不多；养殖期间全部采用配合饲料，比传统养殖多投三分之一；6—10 月份，每天黎明开机增氧 3 小时左右，17：00—20：00 再开机一次；遇阴天或闷热天气，中午再开一次或整天开机，越冬期间不开机；其他日常管理与一般养殖方式下相同。结果 3 口试验塘均未见发病情况，青蟹养成成活率提高 10% 以上，产量提高 20% 以上。年亩产青蟹 150 千克以上，亩产值 10 000 元，亩利润 4 000 元，较采用传统养殖方式的对照塘亩产增加 30 千克，综合效益提高 1 500 元。

4. 在罗氏沼虾养殖中的应用效果

2008 年浙江省共有 960 亩罗氏沼虾养殖池塘应用池底微孔增氧设施，平均每亩增加效益 600 元。主要集中在嘉兴市的海盐、桐乡、秀洲等县或区。秀洲区示范点的养殖户沈林富，养殖面积 120 亩，使用池塘底部微孔增氧技术以后，亩产沼虾 405 千克、亩产值 8 985 元、亩收益 3 618 元，分别比使用前增加了 15.70%、42.62%、97.40%，饲料系数从原来的 1.5 降低到 1.2，电费比原来节省了 25%，节能增产增效显著。

5. 在常规鱼养殖中的应用效果

嘉兴市秀洲区养殖户李强，养殖面积200亩。使用池塘底部微孔增氧技术以后，亩产量达755千克、亩产值7 550元、亩收益3 985元，分别比使用前增加了48.6%、110.9%、213.8%，饲料系数也由原来的3.7下降到2.5，电费比原来节省了33.3%。

6. 在虾鳖混养中的应用效果

杭州市江干区下沙镇周宏水产养殖场，13口池塘共45.8亩，开展养殖对比试验，其中8口塘、28.6亩采用点式微曝气池底增氧系统。平均每亩放养南美白对虾7万尾、甲鱼1 000只（规格为0.1千克）。试验组按0.1千瓦/亩设置增氧机，并配1台水车式增氧机；对照塘为2台水车式增氧机、1台叶轮式增氧机。结果显示：两塘甲鱼生长均良好，但试验塘南美白对虾平均亩产428.5千克，亩利润5 100元，而对照塘却只有124.0千克。使用电费情况：池底增氧塘为478元/亩，传统增氧塘为748元/亩，每亩节省电费270元，节约36%。

（浙江省水产技术推广总站　薛辉利）

水产养殖水质综合调控技术

一、一般介绍

水是水产养殖动物赖以生存的主要环境，水质条件的好坏，不仅影响到鱼、虾等养殖动物的生长、发育，而且直接关系到养殖户的养殖风险、成本和效益等情况。俗话说的“养鱼先养水”，就是这个道理。因此，只有把水养好，才是养殖成功的关键。

众所周知，当今水产养殖主要的制约因素是病害。但病害不是一两天就能发生的，而是经过较长时间、各种综合因素相互作用而逐步引发的，水质恶化可能是引发疾病的最主要的原因之一。如果平时能做到不间断地监控水质的变化情况，发现苗头及时采取相应措施进行处理，保持水质的各项指标始终在合理的范围之内，就能防止水体环境的恶化，从而让养殖动物少生病或不生病。

如何知道水质的好坏呢？在养殖生产过程中，判断水质好坏的因素很多，其中温度、pH 值（酸碱度）、溶解氧、氨氮是几个最常见也是非常重要的因素，此外还有透明度、水色等生物因素也不容忽视，一定要随时监测各项指标，并根据监测结果进行综合调节。

1. 水温

水温是影响鱼类的摄食、生长、发育、繁殖的重要指标。养殖对象的不同，对水温要求也有差异。一般地说，虹鳟等冷水性鱼类在 10 ~ 18℃水温范围内摄食、生长最好，高于或低于上述水温，则鱼体不适，表现为活动少、摄食少、生长慢，长期超出适宜温度范围会使鱼体瘦弱，免疫力下降，导致病害发生；罗非鱼等暖水性鱼类，最适生长水温为 18 ~ 30℃，水温降至 10 ~ 14℃时即开始死亡；鲤鱼等温水性鱼类，最适水温为15～28℃，低于-4℃或高于32℃，鱼体将会产生应激反应，摄食减少或死亡。除此之外，水温还与病害有关，在病原生物存在的情况下，一定的温度条件也容易发生特定病害，如鲤春病毒病发病水温是15～18℃，小瓜虫病是15～25℃，出血病的发病水温一般在25℃以上。在池塘养殖生产中，尽管水温无法控制，但也要每天坚持测量，通过掌握水温的变化来分析和推断鱼虾的吃食、生长以及与疾病有关的活动等状况，从而做到心中有数，提前预防。

2. pH值

鱼类和虾类适宜的pH值为弱碱性。池水中pH值过高或过低，对其生长均不利。当pH值低于6.5时（酸性）可使鱼体血液载氧的能力下降，造成生理缺氧症，新陈代谢功能和免疫功能下降；pH值过高（9.0以上），不仅能腐蚀鳃部组织，使鱼类失去呼吸能力而大批死亡，而且随着pH值的升高，生产中氨氮等的毒害作用成倍增加，危害增大。因此，我国《渔业水质标准》（GB 11607—1989）规定：淡水pH值为6.5～8.5，海水pH值为7.0～8.5。在海水和淡水养殖中，最适pH值范围是7.0～8.5。

3. 溶解氧

溶解氧是鱼、虾赖以生存的必要条件，而水中溶解氧含量的多寡，对鱼虾摄食量、饲料利用率和生长速度均有很大影响。《渔业水质标准》（GB 11607—1989）规定，“连续24小时中，16小时以上溶解氧必须大于5毫克/升，其余任何时候不得低于3毫克/升，对于鲑科鱼类栖息水域冰封期其余任何时候不得低于4毫克/升”。随着健康养殖理念的推广，人们对于水产养殖水体的溶解氧含量提出了越来越高的要求，因为，充足的溶氧量不但可以提高养殖产量，而且还可促进有害因子的无害化，避免出现低氧综合征，如厌食、生长慢、体弱等。日本千叶氏研究显示，溶氧量4.1毫克/升是鲤鱼生长代谢和摄食的突变点。溶氧量为4.1毫克/升时，饲料利用率保持平衡，超过4.1毫克/升，生长速度、摄食量、

饲料利用率随之升高，反之降低。对草鱼而言，溶氧量为5.56毫克/升比2.73毫克/升生长快10倍。

水中溶解氧的来源，主要是依靠水中浮游植物的光合作用，占70%左右，增氧机增氧只占30%左右。所以，要十分重视池塘的水色和透明度，这与浮游植物的种类和数量有关。浮游植物繁殖好的池塘，产氧能力强，白天水中溶解氧丰富，鱼、虾生长快。但是到了晚上，池水中消耗溶解氧最多的也是浮游生物，浮游生物呼吸、细菌呼吸和水中有机物的氧化分解所消耗的溶解氧可占到池塘总耗氧量的70%以上，当溶解氧不足时，池底的氨、硫化氢等有毒物质难以分解转化，极易危害鱼虾健康生长。因此，需要通过调节透明度来控制浮游植物的繁殖。

4. 氨氮

氨氮是鱼虾等水产养殖动物的隐形杀手，它是由池塘自身污染产生的。过多的残饵、排泄物、肥料和底泥是造成氨氮过高的主要原因。从氨氮的9种存在形式来说，离子态氨氮（NH_4^+-N）对养殖动物没有直接的毒害作用，而有毒害作用的是非离子氨，即分子氨（NH_3-N）。在水质条件不适时（如溶解氧不足，或水中pH值、温度升高），氨氮总浓度增大，分子氨增多，毒性增强，从而引起鱼虾不适（鱼群浮头不散、挣扎、游窜或鱼体变色等），严重时中毒死亡。《渔业水质标准》（GB 11607—1989）规定：水产养殖生产中，应将非离子氨的浓度控制在0.02毫克/升以下。生产检测中，因非离子氨不能直接检测出来，而是通过对氨氮的检测并结合温度、pH值等进行折算，所以渔业生产中常检测氨氮值。一般生产中，鱼类养殖要求总氨氮值小于1.0毫克/升，甲壳类养殖小于0.6毫克/升。

以上各项指标之间是相互作用、相互制约的，在水质调控时要综合考虑，不可偏废。

二、技术要点

定期注水是调节水质最常用的也是最经济实用的方法之一。除此之外，还要注意对水质进行人工调节和控制。

1. 科学增氧

一定意义上说，溶氧量就是产量。要保持充足的溶解氧，最好的办法有以下几种。

①注入新水。

②开动增氧机、充气机或喷灌机。合理的开机时间是在晴天的中午，通过开动增氧机搅动水体，将水体上层的过饱和氧输送到水体下层；为增加水体下层溶氧，也可采用新型池塘底部微孔增氧技术（可增加溶解氧7%以上，降低氨氮13%以上）。

③适当施肥，以促进浮游植物的生长，增加溶解氧水平。若水体浮游植物较多，水体溶解氧过饱和时，可采用泼洒粗盐、换水等方式逸散过饱和的氧气；也可用杀虫药或二氧化氯杀灭部分浮游植物，再进行增氧。

2. 生物调节水质

利用水生生物本身可进行鱼塘养殖系统的结构与功能的合理调控。一是利用水生植物调控水质。高等水生植物（轮叶黑藻、鱼腥草、水葫芦、浮萍等）通过吸收水中的营养物质，达到控制浮游藻类的生长繁殖，起到很好的净水作用。养殖户可根据鱼塘承载量及水体肥度，因地制宜引进部分水生植物，调节水体水质。但注意不可盲目过多引进，以免造成二次污染。二是根据养殖动物食性特点，适当套养吃食性或滤食性鱼类来调节水质。如套养鲢鱼，可以充分利用水体中的浮游生物，控制水体肥度；套养鳙鱼可以抑制水体中的轮虫；套养鲤鱼、鲫鱼可充分利用水体中残饵，大大减少残饵腐化分解；套养黄颡鱼可以抑制水体中的锚头鳋；套养鳜鱼、乌鳢、鲈鱼等可以有效控制水体中野杂鱼虾的生长繁殖，减少与主养鱼争食争氧的竞争压力等。

3. 微生态调控

微生态制剂是一种能够调理微生态环境，保持藻相、菌相平衡，从而改善水环境，提高健康水平的益生菌及其代谢产物的制

品，主要有假单胞杆菌、枯草芽孢杆菌、硝化细菌等种类。一般来说，微生态制剂能够吸收利用氨氮、亚硝态氮等物质，并可吸收二氧化碳及硫化氢等有害物质，促进有机物的良性循环，达到净化水质的目的，被誉为“绿色”水质改良剂（图6）。施用微生态制剂时，应注意以下几点：①微生态制剂施用后，有益菌活化和繁殖需要耗氧，因此，施用时间最好在晴天上午或施用后补充增氧，这样才能发挥出较理想的作用和效果；②在施用杀菌、杀藻等化学制剂（如氯制剂、硫酸铜及硫酸亚铁等）后，不能马上施用微生态制剂，应等到施用的化学制剂药效消失后再施用，一般要在施用化学制剂一周后再施用微生态制剂比较适宜；③微生态制剂在水温25℃以上施用效果较好。

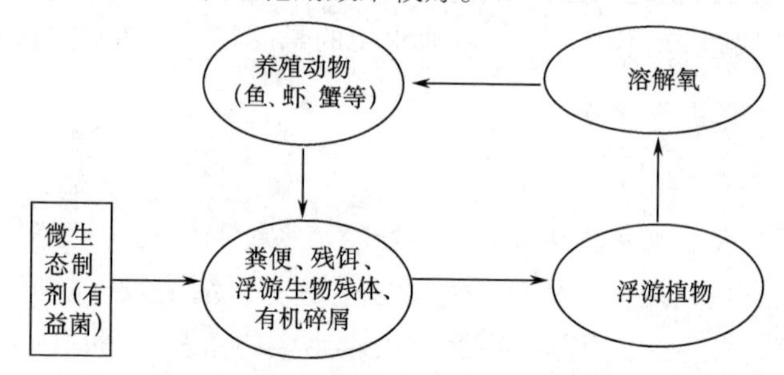

图6　微生态制剂在水中的调控作用示意

4. 对pH值的调节

在鱼塘中定期使用生石灰等药物，可起到净化水质、调节水体pH值、改善养殖环境和预防鱼病等重要作用。使用生石灰调节水质时，一般每半月按每亩用生石灰15～20千克化水全池泼洒一次。但对于碱性土壤或池水pH值偏高的池塘，不宜使用生石灰，避免pH值进一步升高。

5. 水色、透明度和底质的控制

水色与透明度取决于水中浮游生物的数量、种类以及悬浮物的多少。通过施肥可影响水色、透明度等水质指标变化，并影响鱼、虾生长。在养殖时，也可以通过适度培肥，使浮游生物处于良好的生长状态，增加水体中的溶解氧和营养物质，从而培养出良好的水质，辅助鱼虾生长。应注意一次施肥量不宜过多，注重少施勤施，以便维持合适的透明度。

高产精养及名优养殖池塘的水质，要求“肥、活、嫩、爽”。池水透明度应保持在30~40厘米之间。低于20厘米，可排出部分老水，加注部分新水。以养鲢鱼、鳙鱼为主的池塘，透明度为20~30厘米，水色应保持草绿色或茶褐色；以养草鱼、鲤鱼等常规鱼为主的池塘，水色较鲢鱼、鳙鱼池塘水色淡些。

对于池中有机悬浮物过多的池塘，可使用20~25千克/米^{3}的沸石粉全池泼洒，吸附水中的氨氮、亚硝态氮、硫化氢等有害成分，降低有机物耗氧量和增加水体的透明度；或施用40~50千克/米^{3}的“底净”，不但可以吸附池水中的悬浮物，还可通过改良底质，达到改良水质的目的。

6. 应急控制

养殖中常出现一些不明原因的异常现象，如浮头现象在开增氧机后仍不见好转，应在保证水源无污染的情况下立即换水。缺乏增氧设备的池塘，浮头时除了换水外，常使用“高能粒粒氧”等增氧剂，再施放“超级底净”等水质改良剂。

精养池塘在养殖的中、后期常出现转水，主要原因有原生动物突然大量繁殖，造成浮游植物数量锐减，pH值降低，溶解氧下降而使池水变成灰白水或红水，若施救不及时有可能造成全池鱼虾死亡。一般此时可用0.7~1.0克/米^{3}的晶体敌百虫进行全池泼洒，杀灭池中的原生动物。如发现有死鱼虾，应及时捞出，检查死因，对症治疗，同时对病死鱼虾要作远离深埋处理，以免诱发鱼病或使鱼病蔓延。此外，在养殖中还要注意轮捕轮放，随着鱼虾的快速生长，池塘载鱼量大幅上升，水质恶化的概率越来越大，此时应注意搞好轮捕轮放，释放水体空间，控制好水体的载鱼量，达到调节水质、防患于未然的作用。

三、养殖实例

1. 基本情况

养殖年度：2009 年；养殖户名称：河北省保定市罗非鱼良种繁育基地；地址：河北省高阳县佐家庄村；养殖面积：30 亩。

2. 放养情况

放养罗非鱼鱼苗，初下塘时放养密度为 7.5 万尾/亩；20 ~ 30 天后分塘，密度为 2 万/亩；放养时间为 2009 年 7 月。

3. 关键技术措施

（1）使用生物肥水素肥水 鱼池经清塘消毒后加注新水，在放苗前 5 ~ 7 天使用生物肥水素进行肥水，用量为 0.9 ~ 1.5 克/米^2。施肥 5 ~ 7 天后轮虫出现旺盛高峰期，水色呈浅白色，这时鱼苗下塘。下塘后由于鱼苗摄食旺盛，培育的天然饵料生物密度逐渐减少，10 天左右实施追肥，可使用 3.7 克/米^2 的肥水素或 1.5 克/米^2 的益生素。

（2）加注新水与泼洒微生态制剂调控水质相结合 在鱼苗培育过程中要对鱼池采取勤注新水、适当换水、定期泼洒微生物制剂等方法进行调节，换水遵循勤加勤换的原则，保持水温相对稳定。一般在鱼苗刚下塘时，每隔 3 天加 15 ~ 20 厘米新水，在养殖中、后期，每隔 5 ~ 7 天换水 1/3，尤其是越冬保种期，每半月全池泼洒微生物制剂“益水素”和“驱氨净水宝”各一次，保持池水透明度在 30 厘米左右，这样有利于鱼苗生长。

（3）使用微生态制剂调控水质应注意的问题 ①适温使用。“益水素”、益生素必须在 15℃以上使用，气温越高，加开增氧机效果越好，显效越快。②晴天使用，阴雨天勿用。③要看水质状况决定使用方法。水质较肥时，使用“益水素”或益生素可促进有机污染物的转化，避免有害物质积累；水质清瘦时，使用“益水素”前应先施肥，以保持“益水素”中的光和细菌在水体中的活力和繁殖优势；在酸性水体中使用光和细菌，应先施用生石灰，间隔3~4天再使用益生素；当水质过肥时要使用“益水素”瘦水。

4. 产量和效益

亩产量为3 591.2千克，亩产值为52 430元，亩效益为10 280元。亩成本为42 150元，其中饲料成本占57.4%。投入产出比为1∶1.24。

5. 养殖效果分析

微生态制剂肥水素、益水素、底质改良剂、水质净化剂等的应用维持了水体有益菌群浓度，保证了水体“肥、活、嫩、爽”，优化了水体环境，使养鱼饲料系数由2.30降低到1.97，养殖产量、经济效益显著提高。

（河北省水产技术推广站　王凤敏，鲁　松）

优质饲料配制及加工使用技术

对于水产养殖生产来说，单用一种原料不能满足水产动物的营养需求。生产实践证明，只有通过各种饲料原料的科学搭配，才能得到营养平衡的配合饲料配方。

生产工艺也是影响饲料品质的重要指标。不同的生产工艺导致不同的饲料养殖效果，如挤压工艺（膨化饲料）和制粒工艺（颗粒饲料），对饲料营养素消化利用率的影响差异极大；此外，饲料原料的粉碎细度、调质水平和后熟化等，均对饲料效果具有明显的改善作用。

养殖模式是决定饲料好坏的根本指标。与陆生动物不同，水产动物（如鱼、虾类）生活于水体中，除饲料外，水环境及养殖户的鱼塘管理，对水产饲料的养殖效益造成极大的影响。此外，合理的养殖模式还需要配套合理的饲料才能发挥出好的养殖效益，当养殖模式与饲料不匹配时，也难以达到养殖效益最大化。下面就饲料配制、生产工艺和养殖模式展开讨论，以期为饲料厂和养殖户提供创新性技术指导。

一、配合饲料配制

配合饲料是由多种饲料原料根据水产动物的营养需求及饲养特点按相应的比例组成。所确定的各种饲料原料的搭配比例就是鱼、虾类的饲料配方。要设计水产配合饲料的配方，需要注意以下方面。

（1）研究水产动物的营养需求，确定特定水产动物的营养需求标准　该营养标准还需要结合鱼、虾类的养殖规格、养殖季节和养殖模式来确定。如小鱼（虾）和大鱼（虾）的营养需求有所差异，饲料配方应结合其生长各个阶段进行调整；当上市成鱼的规格不同时（如广东省的上市草鱼分为50～150克的鲩仔、1.0～1.5千克的统鲩、2.5千克以上的大鲩和5千克以上的脆肉鲩），饲料标准也有差异。在水温较高的夏季进行水产养殖，鱼类饲料配方可在营养标准的基础上适当降低蛋白质水平并提高饲料能量水平，这样既可明显降低高水温季节的鱼病暴发，又可以兼顾水产动物在高温季节的能量消耗大而产生的能量需求高的特点。同理，在水温较低的季节（如11月至翌年4月），可相应提高饲料中的蛋白质和脂肪水平、降低饲料中的淀粉含量，以适应鱼、虾类在低温季节的营养需求变化。不同的养殖模式，对饲料的营养需求也不一样，如广东省进行高密度大规格草鱼养殖时，低蛋白质含量的草鱼料（含22%蛋白质）往往表现出好的养殖效益；当养殖密度降低时（水体不易缺氧），较高蛋白质水平的草鱼料（含28%蛋白质以上）能明显提高养殖收益。

（2）研究水产饲料原料的特点，确定各种饲料原料的营养价值和性价比 根据养殖水产动物的品种特点，确定其对水产饲料原料的消化利用率，结合原料价格确定其在配方中的用量。包括蛋白质原料如鱼粉、肉骨粉、豆粕、棉子粕和酒糟蛋白（DDGS）等在当前原料价格下的使用特点；淀粉类原料如面粉、次粉、小麦、大麦和玉米等在价格变化时的相互替代水平；油脂类如豆油、鱼粉、猪油、棕榈油和混合油等在不同水产动物中的使用效果及性价比。

（3）考虑饲料原料资源的状况、价格及其稳定供应的可能性 如国产鱼粉、国产酒糟蛋白、棉子粕的质量稳定性和供应稳定性。

水产饲料配方设计的目的是合理地选用营养好、利用率高、成本低的饲料原料，科学地生产出优质的配合饲料，以便进行养殖生产，获取最大的经济效益。

水产饲料配制，需掌握的基本原则和参数如下。

①以水产动物的营养需求标准为基础，结合在实践中的生产反

应，对标准进行适当的调整，即灵活使用饲料标准，如上述分析建议。

②饲料原料的选择，必须考虑经济合算的原则，即尽量因地制宜，选择适用且价格低廉的饲料原料。

③饲料配制要考虑饲料的加工工艺。如膨化饲料和颗粒饲料的生产工艺不同，对原料配比的要求也不相同。膨化饲料对某些饲料原料消化利用率具有较大的改善作用，也需考虑其在膨化饲料中的性价比。

二、配合饲料生产工艺

饲料加工工艺是饲料生产中的一个重要的环节，是确保饲料工业健康稳定发展的坚强支柱之一，但随着饲料原料品种的不断增加、添加剂量的减少等诸多因素的影响，要求加工工艺进行相应的变化，以增强饲料厂的竞争能力。

为了获得优质的水产饲料，要针对主要喂养的水产动物摄食特性，保证其所需的全部营养成分，采用科学、合理的水产饲料加工工艺。

水产饲料加工工艺流程主要包括饲料原料接收、原料去杂除铁、粉碎或微粉碎、超微粉碎、配料、混合、制粒或膨化、熟化、烘干、冷却、筛分或破碎筛分等工序。目前水产饲料的加工工艺，需结合水产动物的养殖特点进行调整，当前可用的创新点包括如下几个。

图7　膨化饲料

1. 发展膨化工艺

随着人们环保意识的加强及当前养殖市场的发展，用膨化机生产的产品（图7，包括浮性膨化饲料和沉性饲料）越来越受到广大养殖户的青睐。膨化机的生产、推广及使用，也正成为饲料行业的一大亮点。许多新建的饲料厂，要么一步到位都安装了膨化机，要么就进行预留为以后做准备，而一些早期的饲料厂也纷纷进行改造，新增膨化生产线，抢占膨化饲料市场。膨化工艺之所以得到大力发展，主要在于其具有以下优点。

（1）显著提高饲料原料（尤其是淀粉类原料）的消化利用率 实验证明，水产饲料中常用的玉米淀粉（如玉米）和小麦淀粉（如面粉、小麦和次粉）经过膨化后，可使鱼类的消化率提高20%以上，大大提高了饲料的可消化能。这对于目前饲料能量相对不同的水产动物（如温水性鱼类），具有极大的促进作用。

（2）显著降低水产动物的饲料系数 由于养殖业的迅速发展，原料资源相对不足，饲料原料的价格总体趋于上涨，当前的原料价格相当于5年前的两倍以上。在这种大环境下，要保证饲料行业的健康发展，必须进一步降低饲料系数，充分利用饲料原料，以最低的养殖成本和原料消耗，产生最大的效益。因此，降低饲料系数，成为各饲料厂家及养殖户追求的热点。研究试验和养殖实践均证明：相同配方的膨化饲料相对于颗粒饲料，饲料系数可降低10%以上，并显著提高鱼类的生长速度，缩短养殖周期，降低养殖风险。

（3）显著改善水质、降低鱼病 水质不佳是导致鱼病发生的主要原因。常用的颗粒饲料的含粉率、耐水性和鱼类的及时摄入问题难以有效解决，导致部分饲料成分进入水体，影响了水质的稳定性。此外，鱼类对颗粒饲料的利用率较低，大量未消化饲料排入水体，也在一定程度上增加了鱼病发生的几率。膨化饲料不仅提高了饲料的利用率，还降低了水体中的未消化饲料的排放，并且不存在耐水性和含粉多的问题，有效减少了水体污染和鱼病发生。如近几年的罗非鱼病害严重，而广东省珠海市平沙镇的罗非鱼病害相对其他地区明显要少，平沙镇均使用膨化饲料，水质相对稳定，这是该区域鱼病较少的主要原因之一。

（4）方便养殖管理 养殖户的养殖水平因人而异，膨化饲料

浮于水面，方便养殖技术不成熟的养殖户投料观察，大大降低了其养殖管理难度。

2. 降低粉碎细度

谷物经粉碎后，表面积增大，与肠道消化酶或微生物作用的机会增加，消化吸收率提高；粉碎后使得配方中各组分均匀地混合，减少了混合后的自动分级，可提高饲料的调质与制粒效果以及适口性等。再加上水产动物对饲料的利用率偏低，粉碎对于水产饲料的生产极为重要（图8）。实践表明：相同配方的颗粒饲料养殖淡水鱼类，当粉碎细度由2.0降低到1.2时，每包料（40千克）可多产鱼1.5~2.5千克，饲料系数可降低6%~8%。降低粉碎细度，虽然增加一定成本，但对饲料效果的改善表明，单位饲料产生的价值远高于其投入的单位成本。

图8　颗粒饲料

3. 发展颗粒鱼料后熟化设备

目前国内淡水鱼料的最大问题之一，即饲料的蛋白质标签偏高，导致饲料配方中不足以提供足够的可消化能。在颗粒饲料生产工艺中，通过添加后熟化工艺（图9），可明显提高饲料的淀粉熟化度，提高饲料的可消化能，改善饲料耐水性和养殖效果，具有极大的发展潜力。

图9　后熟化设备

三、养殖模式与饲料的配套

好的饲料配方和好的生产工艺并不能确保一定会带来好的养殖效益，养殖模式的选择极其重要。养殖模式的不同，往往决定对饲料的需求不一样，只有当养殖模式与饲料相匹配，才能使养殖效益最大化。以下就以广东省的罗非鱼养殖为例，介绍两种高效的养殖模式。

1. 轮捕轮放养殖模式

所谓的轮捕轮放养殖就是捕大留小，也就是说鱼塘中各种不同规格的罗非鱼都有，而且不定期起捕上市。轮捕轮放能充分利用水体，提高罗非鱼的年产量。

优点：①分散上市时间、资金周转快，可以避开出鱼的高峰期，卖到好价格。②存塘量低，可保持水质的长期稳定，饲料利用率高。③产量比单批养殖要高。

缺点：必须有过冬条件的鱼塘才可行。

实例介绍：广东省高要市的邓先生有两口鱼塘，一口 5 亩，一口 20 亩。

每年 6 月份购进罗非鱼苗，放养在 5 亩池塘中标粗（放苗 6 万尾，估计能存活 5 万尾），8 月份达到 50 克规格后转移 2 万尾到 20 亩的大塘，余下来的继续标粗，不过投料很少。由于大塘放养密度较小，所以生长速度比较快。12 月底就可以出售一批鱼（选择个体重为 400 克左右的起捕，出售约 2 500 千克）。此时标粗塘中的 3 万尾苗种规格在 125 克左右，第一次出售后马上补放 5 000 尾。一般保证池塘中还有存塘罗非鱼 2 万尾左右。养到第二年 3 月份再出售一批（选择个体重为 400 克左右的起捕，出售约 2 500 千克），再补放入个体重 175 克鱼种 5 000 尾。接下来每个月都一样，起捕出售后补放鱼种，到 6 月份就把标粗塘中剩下的 1 万尾罗非鱼全部转移到大塘（此时的罗非鱼已达到 300 克的规格）。清理标粗塘后，重新购进鱼苗进行标粗，大塘养到 8 月份，干塘全部把鱼出售。此时标粗塘中的鱼种又达到 50 克的规格，大塘回水后马上转移 2 万尾过来，重复另外一个周期的养殖。大塘中的放苗及起捕出售成鱼情况见表 10。

表 10　轮捕轮放养殖模式实例

放苗时间	放苗数量、规格	起捕出售时间	产量、规格
当年 8 月份	2 万尾、50 克	当年 12 月份	2 500 千克左右、400 克以上
当年 12 月份	0.5 万尾、125 克	次年 3 月份	2 500 千克左右、400 克以上
次年 3 月份	0.5 万尾、175 克	次年 4 月份	2 500 千克左右、400 克以上
次年 4 月份	0.5 万尾、225 克	次年 5 月份	2 500 千克左右、400 克以上
次年 5 月份	0.5 万尾、275 克	次年 6 月份	5 000 千克左右、400 克以上
次年 6 月份	1 万尾、325 两	次年 7 月份	5 000 千克左右、400 克以上
—	—	次年 8 月份	5 000 千克左右、400 克以上

效益分析：邓先生共养鱼 25 亩，每年产 25 000 千克罗非鱼（1 000千克/亩），效益的高低与当年罗非鱼的出售价格有很大的关系。其优势主要体现在资金周转快（可以用现金购买饲料，每包便宜 5 元）；可避开罗非鱼集中出鱼上市的高峰期，鱼价较高（比下半年集中上市平均高出 0.6 ~ 1.0 元/千克）。由于存塘鱼量不多，可保持水质长期稳定，罗非鱼对饲料的利用率比较高（养出 1 千克鱼的饲料成本比一般的精养鱼塘低 0.4 元左右）。这样一算，轮捕轮放的养殖模式要比精养模式（一年一造）每千克鱼多赚 1.0 ~ 1.6 元，也就是说，每亩要多赚 1 000 ~ 1 500 元。可见如果有条件越冬的养殖户，采取轮捕轮放的养殖模式更加安全、效益也更好。

2. 分级标粗养殖模式

分级标粗养殖模式可以更加充分地利用水体，鱼塘条件好的一年可以养出 2 ~ 3 批罗非鱼，平均每亩年产量可以达到 2 000 ~ 3 000千克，如果罗非鱼市场售价看好，那么这种养殖模式效益是非常好的，利润也很高。

优点：①能更加充分地利用水体，每亩的年产量高，效益好。

②资金周转速度比较快，抗风险能力强（产量高，综合起来塘租、人工工资等成本相对较低）。

缺点：①工作量比较大，转移不好会引起死鱼。②必须有越冬条件。

实例介绍：广东省茂名市的邓先生有3口鱼塘，一口2亩的暂养塘，一口10亩的标粗塘，还有一口30亩的成鱼塘。

每年4月份购进一批苗种在暂养塘中进行暂养，此时在成鱼塘中准备起捕出售一批商品鱼，标粗塘中标有150克规格的罗非鱼。成鱼塘中的鱼一次性出售完毕，干塘进水后马上把标粗池塘中个体达150克的罗非鱼转移到成鱼塘中养殖，接着把暂养塘中的鱼苗转移到标粗塘中。5月份再进一批苗种暂养在暂养塘中。至7月底，成鱼塘中出售第二批商品鱼，此时标粗塘中的罗非鱼苗种已达150克的规格，马上将其转移到成鱼塘中饲养，同时把暂养塘中的罗非鱼苗种转移到标粗塘中标粗。9月份再购进一批苗种在暂养塘中暂养。11月份卖掉成鱼塘中的第三批商品鱼，此时标粗塘中的罗非鱼又达到150克的规格，马上再转移到成鱼塘，同时把暂养塘中的罗非鱼苗种转移到标粗塘中标粗。养到第二年4月份起捕出售，同时标粗塘中的苗种达到150克的规格。就这样3口塘分级标粗养殖，排灌水方便，又能安全越冬，鱼塘每年可以养殖三批鱼。成鱼塘投放苗种及起捕商品鱼情况见表11。

表11　分级标粗养殖模式实例

放苗时间	放苗数量、规格	起捕出售时间	产量、规格
当年11月底	6万尾、平均150克	次年4月初	3.1万千克、500克以上
次年4月底	5.5万尾、平均150克	次年7月底	2.9万千克、500克以上
次年8月初	5.0万尾、平均150克	次年11月中旬	2.75万千克、500克以上

效益分析：邓先生共养鱼42亩，可年产罗非鱼8.75万千克，亩产量平均为2 083千克。

分级标粗养殖模式可充分利用水体，使产量达到最大化。但是单批鱼的产量并不算高，这样饲料的利用率也很高，塘租、人工工资等成本比养殖一批鱼可减少一半以上，而且资金周转比较快。这样的养殖模式，无论鱼价高低都能取得较好的效益。

（中山大学　刘永坚）

下 篇

健康养殖新技术、新模式和实例

淡水优质珍珠培育及加工技术
河蟹生态养殖技术
罗非鱼无公害健康养殖技术
龟鳖无公害养殖技术
鳗鲡标准化健康养殖技术
大黄鱼健康养殖技术
对虾健康养殖技术
海水蟹类健康养殖技术
滩涂贝类健康养殖技术
扇贝筏式养殖技术
海带筏式养殖技术
海参健康养殖技术
池塘鱼鳖混养技术
池塘虾鳖混养技术
参虾混养技术
扇贝与海带间养技术
海水池塘虾蟹贝混养高效生态养殖模式

淡水优质珍珠培育及加工技术

经过最近几十年的努力，我国的淡水珍珠养殖取得了长足发展，这主要是得益于钩介幼虫人工采集技术的突破、稚幼蚌培育技术的不断进步、专业从事手术操作的女工队伍的形成以及育珠蚌养殖技术的提高，我国珍珠产量得到飞速增加，淡水珍珠产量已跃居世界首位。但同时也应该看到，由于三角帆蚌等种质退化日趋严重、手术操作工人缺乏正规培训、新的技术和工艺难以推广应用、生产管理方式落后，以及我国的珍珠产业协会还不健全、缺乏行业协调和自律等原因，使得我国珍珠品质不高，生产无序，缺乏国际竞争力。所以，从加强优质珍珠亲蚌的选育、手术新工艺和养殖新技术的推广以及发挥行业协会的调节作用人手加以改进，可以达到控制珍珠产量，提高珍珠品质的目的。同时，这些问题也是当前珍珠养殖业迫在眉睫、要求尽快解决的现实问题。下面重点从淡水优质珍珠培育及加工技术两个方面进行阐述。

一、河蚌人工育苗技术

由于三角帆蚌具有体大、扁平、壳厚、质坚和便于手术操作的优点，是我国目前淡水珍珠养殖的主打品种，现以其为例进行介绍。

(一) 亲蚌选择

三角帆蚌的种质资源是提高珍珠质量、降低珠蚌死亡率的物质基础。因此，亲蚌要求选择来自无病区的不同水系，以不同水域的天然野生蚌为优，避免近亲繁殖。一般要求亲蚌年龄在 3 龄以上，以 5 ~ 6 龄为佳，体重为 300 ~ 800 克、壳长为 15 ~ 20 厘米。要求蚌壳厚实，生长线宽大、清晰，色光亮，呈青蓝色、褐红色、黑褐色或黄褐色等，体质健壮丰满，外鳃完整无伤，两壳闭合力

强，喷水有力。

（二）钩介幼虫采集

1. 钩介幼虫成熟度的检查

用开口器将贝壳稍稍打开，观察外鳃颜色与饱满度。在饱满的外鳃中，如出现凹陷、鳃瓣膨大松弛，有从白色到淡黄色至深黄色、紫色的明显色变，用针刺破蚌前端的外鳃，取出一点受精卵，如果在操作中觉得有丝状物或絮状物而纠缠不易分开时，说明钩介幼虫已出膜成熟，达到采苗标准。反之，如果拉不成丝，即表明钩介幼虫尚未成熟。

2. 寄主鱼的选择与用量

选择性情温和，游泳缓慢，体质健壮，无病无伤，鳍条完整无损，取材方便的鱼类。在实际生产中，通常选用年前收购，暂养在池塘的黄颡鱼，规格以50～100克为佳。如鱼体过大，鳃丝、鳍条较硬，不易寄生；如鱼体过小，体质较弱，抗病能力差。寄主鱼用量为每只雌性亲蚌配10～20尾。

3. 人工采苗

（1）排幼 将确认的钩介幼虫已成熟的雌蚌洗净，阴干刺激1～2小时后，平放在底径约为50厘米、高为20～25厘米的大盆中，每盆以盛放10个为宜，加清水（与池水温度差超过1℃）至刚好淹没蚌壳为准。不久雌蚌排出成团的絮状物，约30分钟，达到一定密度后，取出雌蚌，放入另一个大盆中继续让其排放。

（2）附幼 用手在大盆中轻轻地搅动水体，使含钩介幼虫的絮状物散开。将寄主鱼放入产苗盆内，每只雌蚌通常放入寄主鱼0.5～1.0千克，进行静水附幼。时间一般控制在10～20分钟，以每尾寄主鱼寄生钩介幼虫800～1 000个为宜。附幼过程为防止寄主鱼缺氧，需用一个小型充气泵给产苗盆中充气增氧，附幼后的寄主鱼应及时移放入流水育苗池内培育。

（3）寄主鱼饲养时间 当钩介幼虫寄生积温达180℃·天时将开始脱苗，一般需7～16天。具体寄生时间与水温关系见表12。

表 12　钩介幼虫寄生时间与水温关系

水温/℃	18 ~ 19	20 ~ 21	23 ~ 24	26 ~ 28	30 ~ 35
寄生时间/天	14 ~ 16	12 ~ 13	10 ~ 12	6 ~ 8	4 ~ 6

(4) 脱苗　脱苗 1 ~ 2 天，停止给附幼鱼投食，并将鱼捞出放入盛水的容器内，将育苗池打扫干净，加注新水至 17 厘米，然后将附幼鱼放回育苗池，待附苗鱼鳃丝及鳍条上的小白点消失，及时捞出寄主鱼。

(三) 幼蚌培育

幼蚌培育的方式有多种，有笼养、网箱养，实践中一般以笼养效果最好，管理也较方便。其做法是：用宽为 2 ~ 3 厘米，长为 42 厘米的竹片 8 根，用宽为 2 厘米，长为 11 厘米的竹片 4 根，分别在竹片两端 1 厘米处钻孔，然后用铁丝结扎成 1 个 43 厘米 ×43 厘米 ×11 厘米的框架，用 1 块 46 厘米 ×46 厘米的塑料铺底，再用一块网目为 3 厘米的聚乙烯网片，缝合于竹框架四周表面，再在网笼底部均匀安装两根与底部等长的底篾，在网笼四角上方安装 2 根 3 ×6 胶丝线吊角。

在幼蚌培育上，以绳、浮子（可乐瓶）组成的吊养方式最好。具体做法是：先将底纲绳每隔一定距离用木桩固定于水底，将浮子按一定距离结扎在面纲绳上，将面纲绳隔一定距离固定在底纲绳上。面纲与底纲互相垂直，然后将网笼悬吊于 4 个浮子中间。这种方式可使河蚌随水位升降而升降，始终吊养于水的表层。幼蚌培育网笼中要有营养泥，营养泥最好就地取材，以本池肥沃的淤泥加少量发酵后的鸡粪、鸭粪为最好。有条件的还可以加微量稀土。新开池淤泥少，可用船从其他池运来，切不可用粗颗粒的硬泥作营养泥。笼中营养泥的厚度以蚌的个体大小而定，一般略大于蚌的高度。幼蚌放养的密度应根据水体初级生产力和溶氧量来确定，一般每亩可吊放网笼 100 ~ 120 个，每笼放养幼蚌 100 ~ 150 只，一次放足，稀养速成，减少幼蚌分笼的麻烦。幼蚌应吊养在饵料生物量最多、溶氧量丰富的水层。水体透明度大小和水质肥

瘦及生物饵料量丰歉有一定关系，根据浮游生物量与透明度的关系，可以得出幼蚌吊养最佳水层为：透明度（厘米）×0.8，池塘透明度小可浅吊，湖泊透明度大，可吊深些。如吊养太浅，高温季节表面水温过高，影响幼蚌的代谢和生长，严重时甚至生长停滞；如吊养太深，生物饵料少。幼蚌孵化出池时，正处于夏天高温，所以放苗应选择早、晚或阴天进行。晴天船上一定要有遮阳物，切忌幼蚌在阳光下曝晒。放苗时幼蚌一定要均匀撒在笼中央营养泥上。放苗后第二天，应检查幼蚌成活率，如营养泥上看不到幼蚌，则幼蚌已入泥；如营养泥上有部分贝壳漂浮，则说明幼蚌有死亡，必须补数。

施肥管理：7—9 月份是高温季节，也是幼蚌生长旺季。幼蚌下笼后，前期水质不宜太肥，因幼蚌体质幼嫩，食量也不大。中、后期（3 厘米以后）要适当培肥水质，池水要“肥、活、嫩、爽”。观察水体肥瘦，确定施肥力度，保证幼蚌生长需要，前期以泼洒豆浆和施无机肥为主，中、后期无机肥和有机肥相结合。使用无机肥以尿素、过磷酸钙为好，有机肥以腐熟的鸟粪、鸡粪、鸭粪为好。平时应经常检查笼子是否有破损，以防鱼类、水鸭等进笼吃食幼蚌。在当风水域，要检查营养泥是否被风浪冲掉，发现营养泥减少，要及时添加。

（四）育珠蚌养殖

待 7～8 厘米的幼蚌经手术员精心植片和系统化消毒操作后，即成了育珠蚌。育珠蚌一般要养殖 3～4 年才能采收珍珠。在这漫长的几年中，管理水平的高低将直接影响珍珠的质量和产量，管理失误，即使幼蚌再好，手术操作再成功，也将前功尽弃。

1. 手术蚌暂养

刚做完手术后的育珠蚌，应放入预先配好的保养液中消毒，以防伤口感染，傍晚再放入暂养水域的笼中。暂养水域要求水质清新，不能太肥，有一定微流水，以利于伤口愈合。暂养期间，不要随意翻动贝壳或将贝壳提出水面和开壳检查，发现死蚌应及时清除。

2. 育珠蚌养殖水域选择

育珠蚌水域一般以池塘或中、小型湖泊为好，水深2米左右。水位太浅（1米以下），水温受气候影响大，不利于饵料生物生长；再则，夏季高温，有时表层水温可超过35℃，造成育珠蚌生长停滞或热昏迷；水位太深（5米以上），底层水温低，影响营养物质循环。水质要肥、无污染，pH值为7～8，底质要有一定厚度的淤泥，如有一定的微流水及周围有一定的外源物质流入更好。生产实践证明，三角帆蚌在有微流水的水体中，珍珠产量和质量比在静水体中高1～2倍。

3. 育珠蚌吊养方式

吊养方式以网笼和网夹吊养为好。育珠蚌壳长14厘米以下用网笼养。网笼可采用放幼蚌的网笼，撕掉底部薄膜即可。每只笼子放养量以每只蚌都能平铺接触笼底为宜，开始每笼可放20只左右，以后随着蚌体增长而逐步分稀。待珠蚌长到14厘米后，最好用网夹养殖，网夹用一根长为45米、宽为2厘米的竹片及网袋组成。竹片两端钻孔，穿扎吊线，竹片中间用聚乙烯网片做成长方形网袋，网袋长为42厘米、高为15厘米。将蚌腹缘朝上，背缘向下，整齐排列，每个网袋可放蚌3只。后期利用网夹吊养，以控制蚌体营养生长，促进珠质分泌，提高珍珠质量。

4. 育珠蚌吊养密度

吊养密度应根据水体条件而定，池塘水肥，可多吊养。一般网笼养殖阶段为1 000只/亩左右，网夹养殖阶段为600～800只/亩。

5. 育珠蚌吊养深度

育珠蚌应吊养在生物饵料最多的水层。随着蚌体增长，重量增加，吊养的网笼和网夹会有所下沉，这时应采取措施，保持网笼和网夹处于正常位置，根据季节变化调节吊养深度，冬季、夏季可适当深吊，春季、秋季可适当浅吊。

6. 鱼类放养

在育珠水域放养一些吃食性鱼类，既可充分利用水体资源，提

高经济效益，保持水体生态平衡，又可改良水质，促进池水上下对流，增加溶氧量。可搭养一些草鱼、鳊鱼、鲤鱼、鲫鱼、黄颡鱼及少量鳜鱼和大口鲇等。特别是黄颡鱼、鮰类，能够吃食贝壳和网片上的一些附着藻类，促进育珠蚌的生长，但与河蚌食性有竞争的鱼类应尽量不放。

7. 施肥管理

育珠蚌吊养好以后，关键是施肥，但要注意的是手术蚌吊养后的一周内不应施肥。如果水色达不到要求，可用豆浆投喂，一般黄豆每天用量为1千克/亩，磨浆后分2~3次泼洒，连续5天。如果其他措施到位，施肥跟不上，育珠蚌得不到充足的食物，生长缓慢，外套膜薄，圆珠率低。实践表明，育珠蚌手术后最初几个月的生长速度与珍珠质量有明显关系。手术后育珠蚌伤口愈合快，生长迅速，珍珠形状就好，圆珠率高。所以，在伤口愈合后，应及时进行正常施肥。施肥应根据水质肥瘦、季节变化来确定施肥的力度，施肥应以有机肥为主，无机肥为辅，夏季高温应尽量少施有机肥。鸡粪、鸭粪、鸟粪是育珠蚌最好的有机肥，含有丰富的钙和活性磷，肥效高，能使育珠蚌生长迅速，珍珠质沉积快，珠光好。具体做法是：将粪肥堆成堆，发酵、腐熟后，均匀泼洒于水中，一般用量为50千克/亩。无机肥主要为氮（素）、磷（过磷酸钙）和复合肥，在高温季节施用，氮磷肥施用量之比为1:(2~3)，一般用量为5千克/亩。使用时将两种肥料混合加水后泼洒，做到少量、多次、勤施。在日常工作中注意维护养殖设施，风浪、水流等可造成网笼（夹）角线断裂、底篾脱落，底纲绳、浮子纲绳断裂，使育珠蚌成堆堆在网笼中或脱落掉入水底，影响蚌的正常生长，发现后应及时修复。

8. 蚌病防治

蚌病重在预防，应建立自繁、自育、自养的繁育体系。从外地调蚌，应调查当地蚌的健康状况，如是否来自疫区，是否有蚌病发生和流行，同时掌握蚌病发生和流行规律。手术操作消毒不能大意，育珠蚌应严格消毒，每一个环节都不能少，以保证伤口早愈合和体质的早日恢复。施肥不能过量，要科学合理施肥，有的地方由于施肥不当，造成蚌病发生，引起育珠蚌大批死亡，损失巨大。蚌病发生时，应正确诊断蚌病的类型，对症下药。

（五）加强管理

1. 建立一支稳定的技术人员队伍

河蚌育珠是一项浩大的系统工程，管理工作好坏直接影响珍珠质量。要培养一支懂技术、工作踏实肯干的队伍。人员要有分工，应根据每个人的特点，明确工作职责。

2. 量化工作指标

河蚌育珠从蚌的人工繁殖、幼蚌培育、移殖手术到育珠蚌的管养，有许多环节。每一个环节都应制定相应的工作目标，对从事某一环节的人员应有考核，完成了任务，达到工作目标，应给予奖励，做到按劳计酬、优质高薪。管理工作质量提高了，珍珠的质量就有了保障。

二、珍珠加工技术

珍珠自水中取出，一般应对其进行加工。当然，有些生长得极好的珍珠不必加工，一般只需要用淡水清洗其表面，晾干即可收藏或进行首饰制作，但是被称之为“原珠”的这类珍珠数量甚少，所占比例不到产珠量的百分之一，所以对新采收的珍珠加工，是珍珠生产过程中必不可少的重要一环，它对于提高珍珠等级、保证质量非常重要。对珍珠加工，我们首先要了解影响珍珠品质的五大要素，分别是珍珠的形、色、照、卷、伤。高水平的加工，就是根据上述五大要素来分别处理，予以加工。我国目前对珍珠加工的方法，主要采用化学原理，用不同的配方除掉珠层的污斑，将珍珠漂得更白、更亮，又避免伤及珠层。

（一）去斑

刚收获的珍珠如不及时处理，其表面就会很快蒙上一层白色的

薄膜，影响其质量。这是因为珍珠初离母体，突与空气接触，而处于外套膜与珠层体表的分子链尚未断裂即已氧化而形成的白色薄膜。因此，采珠后应首先用温肥皂水洗涤，其次以软毛刷沾优质肥皂轻刷，再用清水漂洗擦干。对表面受到腐蚀的珍珠，用特制的打光膏进行处理；对光泽较暗的珍珠，用一定比例的过氧化氢或稀盐酸处理使之恢复光泽。经盐酸处理后，应放入氨水中中和，再用水洗净、擦干。

（二）漂白

漂白可以提高珍珠的色泽、档次，但是珍珠需要穿单孔或双孔，然后用浓度为2.5%～3.0%的过氧化氢纯水溶液，在25～40℃恒温条件下浸泡，隔日更换漂白液一次，如加以辅助剂及稳定剂，其效果更好。不过目前各国、各厂家均有更先进的漂白技术，但都视为商业机密，绝不泄露。

（三）着色

着色又称染色、调色，都是为了寻求更高的商业利益，使珍珠的虹彩、白度、亮度用着色方法改进为最受消费者喜爱的种类。着色法是较为原始的染色法，用染色剂溶于乙醇内抽空以着色增白。现在还有用紫外线、超声波、激光等先进的染色法，经此加工的薄层珍珠，往往能使低价的薄层珠提高光泽度，并使珠层更结实，佩带的时间更长久。但是染色的技术要求很高，弄不好往往效果适得其反。

总之，通过加工，可使珍珠更为美丽，但是要提高珍珠的五大素质，还应从养殖入手，因为科学的养殖，包括选场、育贝、插核等，都是提高珍珠质量和产量的关键。

（安徽省无为县渔业技术推广站　刘映彬，章启忠）

河蟹生态养殖技术

河蟹生态养殖技术就是在淡水生态系统内，遵循淡水生态学原理进行河蟹养殖的方法。通过人工营造并维护好养殖水体生态系统，使该生态系统的能量转化和物质循环尽量趋于平衡。该技术充分考虑各种水体对养殖品种、投放比例的承载能力，能够对因过度开发养殖水体资源而被破坏的水域环境进行有效修复，所产河蟹产量高、规格大、品质好，经济效益和生态效益显著，具有很高的应用推广价值。

近几年来，安徽省通过不断探索，总结出一套河蟹生态养殖新的技术模式，概括起来就是“种草、投螺、稀放、配养”其中“种草”、“投螺” 是基础，“稀放”是前提，“配养”是手段。在长期的生产实践中，结合养殖品种生物学特性和水体类型特点，不断完善蟹、鳜混养和蟹、鳜、虾混养，创造了蟹、鳜、鲴混养等养殖模式。保证了养殖水体生态系统能量转化和物质循环的基本平衡，走出了一条可持续发展之路，实现了经济效益和生态效益的双丰收。

通过该技术的实施，河蟹大规格（150 克以上）比例较实施非生态养殖前可提高 25%，约达到 35%。各水体类型亩产河蟹可提高 5% ~10%，仅河蟹一项平均亩增效益就可提高 10%。加上混养鳜鱼、青虾、细鳞斜颌鲴等所带来的附加增值，总体亩均效益可提高 20% 左右。

一、池塘生态养殖

1. 池塘选择与处理

标准塘池深为 3.0 米，有效蓄水深度为 2.5 米，坡度为1∶5，

池底中部微高，约高于周边0.5米，高出部分约占塘底部面积的80%，横截面微呈“W”形，池底淤泥厚度低于0.3米。

精养池塘在早春一般每亩用35～150千克生石灰化水全池泼洒来消毒除野。对水草、螺蚌等水生生物资源丰富的池塘，一般不作处理，但在冬季要干冻、曝晒1个月。

2. 防逃设施设置

用0.7米高的加厚塑料薄膜在池塘边埂内侧围栏，薄膜埋入土内0.1米，高出土面0.6米。

3. 池塘环境调控

（1）水草栽培 2—3月份栽种伊乐藻、小黄草；每亩栽种50千克（其中伊乐藻35千克、小黄草15千克）；3—5月份分期播种苦草，每亩栽种苦草籽100克；在河蟹生长的夏季阶段，移栽金鱼藻和轮叶黑藻，每亩栽种200千克（其中金鱼藻占70%），在池塘水体中形成至少3种以上水草种群，以确保水草覆盖率在中、后期达到60%以上，以便在夏季高温时，使河蟹处在25～30℃的最适生长温度，可有效降低河蟹积温，利于河蟹脱壳生长，同时提供适口的天然植物性饵料。

（2）螺类投放 在清明前，每亩投放螺蛳150千克，以确保河蟹从蟹种到商品蟹生长过程均有适口的鲜活天然动物性生物饵料，既可节约人工配合饲料，又可确保河蟹的生长，同时能够清除残饵，提高水体的自净能力。

4. 苗种放养

（1）蟹种放养 蟹种选择长江水系的中华绒螯蟹，主要来源于蟹种培育基地有许可证、信誉好的国家级或省级原种场或良种场。其所表现出的外部性状较为显著，背部疣状突起明显，最后一对清晰，额齿和缺刻深，第四步足前节长宽比为2∶1。体色为黄绿色或青灰色、有光泽、活力强、规格齐、体健壮、无缺损。规格为160～200只/千克，每亩放养350～600只，放养时间为3月份 。

（2）配套品种放养 3 月份每亩放养鲢鱼和鳙鱼（比例为 2∶1）20 尾，规格为 0.25～0.35 千克/尾；5 月份每亩放养 0.5 千克抱仔青虾（日本沼虾），利用其繁殖的小虾作为河蟹的优质生物活饵料，同时青虾可有效利用部分残饵，保持水质良好。6 月份每亩放养鳜鱼苗种 4～5 厘米，10～20 尾，以有效清除养殖过程中的野杂小鱼，减少其与河蟹争食。

5. 池塘管理

（1）水质调节 从 3 月份放种水位为 0.5～0.6 米时开始；4 月份后，随着气温的上升，视水草长势，每 10～15 天注水一次，使水位上升 10～15 厘米；7—8 月份水深保持 1.5 米；9—10 月份水深保持在 1.2 米。在养殖过程中，只通过水泵加注新水，弥补水分蒸发和渗漏，而不作水的交换。

（2）投饲管理 前期3—4 月份投喂配合饲料，再搭配投喂少量小野杂鱼，蛋白质含量为 30%～35%，投饲量占蟹体质量的 20%～25%；5—6 月份以动物性饲料投入为主，投饲量占蟹体质量的 8%～10%；7 月份以植物性饲料南瓜、小麦、玉米为主，小鱼为辅，投饲量占蟹体质量的 5%～10%（其中动物性饲料占 10%～15%）；8—9 月份，以动物性小野杂鱼为主，辅以南瓜、小麦、玉米等，投饲量占蟹体质量的 5%～8%。6—9 月份投喂饲料量，根据天然饵料和天气情况可进行适当调整，以确保吃饱吃好。

（3）病害防治 早春因水质清瘦，要注意防治青苔，可施用“青苔净”，在晴天的中午用喷雾器喷杀。不使用国家规定禁止使用的药物，在7—9 月份使用强氯精、二溴海因进行防治消毒，使用微生物制剂进行水质调节。生态养殖病害的发生率较低，平常注意调节水质，pH 值保持在 7.5～8.8。平常投喂的饲料中添加 3%～5% 的大蒜，以防止肠道疾病的发生。

二、稻田生态养殖

1. 环境要求

应选择水源充沛、水质良好的田块，要求注、排水方便，且通

电、通路、交通方便。以偏碱性的黏壤土为宜，避免酸性土壤，并具有较好的保水性；底部淤泥层不超过10厘米，底泥符合《农产品安全质量　无公害水产品产地环境要求》(GB/T 18407.4—2001) 的规定。稻田面积以13 340～20 000平方米为宜。

2. 稻田条件

稻田四周离埂脚挖3米深的环形沟，沟宽6～8米，深0.8～1.0米；中间次沟宽1.0～1.5米，深0.5～0.6米。沟面积占稻田总面积的30%左右，整个沟系互相连通，呈“井”字形。坡比为1:(3～4)；最高水位达到1.5米。埂上内侧设防逃设施，用加厚塑料薄膜埋入土中10～20厘米，高出地面60厘米，四角呈弧形；沿河或交界处的塘埂中需埋入薄膜或网布，以防止河蟹打洞逃逸。外设1.5米高防护网，以免家禽牲畜和敌害生物进入。稻田养蟹必须具备完善的进、排水系统，且进、排水系统分开，保持水质清爽，减少疾病。进水及出水口须用聚乙烯网布覆盖，以免河蟹逃逸及敌害生物的进入。用生石灰干法清塘，用量为75～100千克/亩，其他常规清塘药物也可使用，但必须符合《无公害食品　渔用药物使用准则》(NY 5071—2002) 的要求。2—3月份栽种伊乐藻，用量为50千克/亩；3—5月份分期播种苦草和轮叶黑藻，苦草用种量为100克/亩左右，轮叶黑藻用种量为300～500克/亩；也可在夏季直接移栽金鱼藻和轮叶黑藻，以便在水体中形成3种左右水草种群，使水草覆盖率在中、后期达到60%～70%。分批投放螺蛳，一般每年清明前投放螺蛳100～150千克/亩，5—6月份再投喂50～100千克/亩，投放时要均匀撒开，保持螺蛳量在200千克/亩。

3. 苗种放养

蟹种放养前7～10天，要加注新水；要求蟹种亲本雌蟹个体在100克以上、雄蟹个体在150克以上，按照无公害方法培育。要求四肢齐全，无疾病，活动能力强，以长江水系蟹种为佳；一般选择在冬、春季节放养。蟹种放养时，应先试水进行水温过渡。蟹种放养方法是：首先将装有蟹种的网袋浸入池水中1分钟，拎起放置3~5分钟，如此重复2~3次；然后用3%的食盐水进行消毒，浸入盐水中2~3分钟，拎起放置5~6分钟；最后在池水边打开袋口，让其自然爬入水中，尽量沿四周均匀散开；蟹种前期要用网片分隔围养，面积为池塘面积的1/4~1/3，便于前期集中精喂，避免其过早进入水草种植区，影响水草生长。5月底至6月初，待水草长至10厘米左右时，可撤除围隔的网片；蟹种，应尽量选择大规格，通常为120~160只/千克，放养量为300~500只/亩。每亩放养花鲢和白鲢（比例为1:3）1龄大规格鱼种10~20尾、4~5厘米鳜鱼苗15~20尾、10~20厘米细鳞斜颌鲴鱼苗30~50尾、抱卵青虾1.5千克或2厘米以上青虾苗0.5万~1.0万尾。

4. 管理

（1）技术管理 蟹种放养初期，沟凼水位保持在0.6~0.7米即可，以后逐渐加水；4—5月份最深水位保持在0.8~1.0厘米；进入高温季节，7—8月份水位最深应保持在1.6~2.0厘米，透明度保持在50厘米左右。河蟹生长要求溶解氧充足，水质清新，在盛夏季节应注意加注新水，并保持水位相对稳定。应坚持定质、定量、定时、定点投喂，均匀分布于池中的无草浅水处。4月份一般以精饲料为主，主要是动物性野杂鱼，占总饲料量的70%，饲料的鲜重占蟹体质量的10%~20%；5—6月份以动物性饲料投入为主，占60%，辅以植物性饲料小麦、玉米，饲料的鲜重占蟹体质量的15%~30%；7月中旬至8月初，以植物性饲料南瓜、小麦和玉米为主，占60%，动物性饲料为辅，饲料的鲜重占蟹体质量的20%~35%，每100千克南瓜需加食盐0.5~1.0千克；8—9月份以动物性饲料为主，占60%~70%，辅以小麦、玉米等，饲料的鲜重占蟹体质量的25%~40%。并根据季节、天气、水质变化及河蟹吃食情况，适时适量调整。傍晚时投喂，应坚持"荤素搭配、精青结合"的原则。也可采用专用配合饲料，前期投喂量占蟹体质量的2%~3%，中期投喂量占蟹体质量的3%~5%，后期投喂量占蟹体质量的5%~10%。

（2）日常管理 应搞好水草移栽，水草若被河蟹消耗过大，还应及时补栽无性繁殖的水草，如轮叶黑藻、金鱼藻和伊乐藻，尽量保持池塘水草成块状均匀分布。勤巡塘，勤记录，主要检查和记录事项包括水位水质变化情况，水温、pH 值等常规理化指标以及生长速度、饵料品种、投饵量、摄食情况，防逃设施完好程度、塘埂涵闸有无破损渗漏情况，病害防治情况等。

（3）病害防治 尽量少用和不用药物，生态养殖的病害发生率极低，平常注意酸碱度的调节，一般塘水变酸容易滋生病菌，应根据具体情况，用生石灰进行调节，使 pH 值保持在 8.0～8.5。6—8 月份，每 50 千克饲料中加大蒜 0.5～1.5 千克。除南瓜外，植物性饲料应熟化。严禁在河蟹脱壳高峰期使用药物。根据水质情况，6—8 月份可用微生物制剂和底质改良剂每月调节 2～3 次。采取多种方法清除敌害生物，如水老鼠、水蛇、青蛙、蟾蜍、水蜈蚣、部分凶猛肉食性鱼类等，及时发现捕捉清除。病死蟹要在离塘远处深埋处理。

5. 捕捞

河蟹的捕捞，一般自 9 月下旬开始，设置地笼进行诱捕，也可在池埂上捕捉。捕获的河蟹用专池或网箱暂养，也可直接出售。

三、湖泊生态养殖

1. 养殖类型

湖泊河蟹生态养殖包括湖泊放流增殖和湖泊围网养殖两种类型。具体使用哪一种类型，主要依据湖泊内水生生物量来决定。前者放养密度为 20～30 只/亩，后者放养密度为 300 只/亩。分别适用于湖泊水体生态环境修复的不同阶段。

2. 水域环境修复

水草栽培：2—3 月份栽种伊乐藻，每亩栽种 50 千克；3—5 月份分期播种苦草，亩种苦草籽 100 克；在河蟹生长的夏季阶段，移栽金鱼藻和轮叶黑藻，每亩栽种 300 千克（其中金鱼藻占 90%），在水体中形成至少3种以上水草种群，以确保水草覆盖率在中、后期达到60%以上。水草种植区主要选择在1米以上的浅水区。在水草品种的选择上，主要采用金鱼藻，在水草结构中占绝对优势种群。采用“围栏养草”的方法，在同一个网围内养殖区与恢复区配套，根据水草生长情况，逐步扩大网围养蟹面积。通过打“时间差”，既防止了河蟹将刚生长出来的水草消灭在萌芽状态，又不影响河蟹的正常生长。通过对湖泊进行生物修复，使养蟹水域的生态保持平衡。

螺类投放：清明前每亩投放螺类150千克，主要为铜锈环棱螺，具体投放量取决于水体中的存量。

3. 苗种放养

选择正宗的长江水系优质河蟹苗，为土池培育的大规格蟹种。土池培育的河蟹苗种比工厂化培育的河蟹苗种体质强壮，且无药害。放养规格为160～200只/千克的大规格河蟹苗种，处于生物修复中的湖泊，应适度降低放养密度，待生物修复后，再以标准密度300只/亩进行放养。

4. 鱼类套养方式

（1）**滤食性鱼类**　鲢鱼和鳙鱼，放养规格为2尾/千克，放养比例为1∶5，放养密度为10尾/亩。

（2）**肉食性鱼类**　鳜鱼，放养规格为20尾/千克，放养密度为10尾/亩。

（3）**腐屑食性鱼类**　细鳞斜颌鲴，放养规格为50尾/千克，放养密度为10尾/亩。

湖内禁养草食性鱼类，如草鱼、鳊鱼等，控制青鱼投放量，以保护湖泊的水草和螺蛳资源。

5. 饲料投喂

湖泊围网养殖投喂饲料以动物性饲料小野杂鱼为主，植物性饲料以南瓜、黄豆为辅。前期在4月份以投喂小野杂鱼为主，投饲量占蟹体质量的25%～30%；5—6月份以动物性饲料投入为主，投

饲量占蟹体质量的8%～10%；7月份以投喂植物性饲料南瓜、小麦、玉米为主，小鱼为辅，投饲量占蟹体质量的5%～10%（动物性饲料占其中10%～15%）；8—9月份，以动物性饲料小野杂鱼为主，辅以南瓜、小麦、玉米等，投饲量占蟹体质量的5%～8%。6—9月份投喂饲料量，根据天然饵料和天气情况，可酌情进行适当调整，确保吃饱吃好。湖泊放流增殖主要利用水体内的天然饵料，一般不进行人工投喂。

6. 病害防治

湖泊大水面由于采用生态养殖，病害率低，加上水域面积大，在养殖过程中，一般不作病害防治处理，平常注意保持饲料的新鲜。

该项技术适宜于各地池塘、稻田、湖泊、河道等水域养殖。

（安徽省水产技术推广总站　奚业文）

罗非鱼无公害健康养殖技术

一、养殖环境

罗非鱼的池塘成鱼养殖对池塘没有特殊要求，一般养殖家鱼的池塘都可以用来养殖。面积为 10 ~ 20 亩，最大不超过 30 亩。因为池塘过大，水质不易肥沃，而且不易捕捞，冬季捕不干净容易冻死。水深一般为 1.5 ~ 2.0 米。池塘应选择在水源充足，注、排水方便的地方。水质要求水肥而且无毒。放养鱼种前池塘要清整消毒，一般采用生石灰清塘，其常用清塘方法有两种。

(1) 干法清塘　先将池塘水放干或留下水深 5 ~ 10 厘米，在塘底挖掘几个小坑，每亩用生石灰 70 ~ 75 千克，并视塘底污泥的多少而增减 10% 左右。把生石灰放入小坑用水乳化，不待其冷却立即全池均匀遍洒，次日清晨最好用长柄泥耙翻动塘泥，充分发挥生石灰的消毒作用，提高清塘效果。一般经过 7 ~ 8 天，待药力消失后即可投放鱼种。

(2) 带水清塘　对于清塘之前不能排水的池塘，可以进行带水清塘，按水深 1 米计，每亩用生石灰 125 ~ 150 千克，通常将生石灰放入木桶或水缸中溶化后立即趁热全池均匀遍洒。7 ~ 10 天后，药力消失即可投放鱼种。

二、饲养管理

罗非鱼是杂食性鱼类，喜欢吃食浮游生物、有机碎屑和人工饲料。因此，在饲养管理上，主要是投饲和施肥为主。

1. 施肥

饲养罗非鱼不论是单养还是混养，均要求水质肥沃。肥水中的

浮游生物丰富，而施肥则能培养浮游生物供罗非鱼摄食，同时肥料的沉底残渣，又可直接作为罗非鱼的食料。因此，在保证不致浮头死鱼的情况下，要经常施肥，保持水质肥沃，透明度以25～30厘米为好。一般施肥量为每周施绿肥300千克左右。施肥要掌握少而勤的原则。施肥的次数和量的多少，要根据水温、天气、水色来确定。水温较低，施肥量可多些，次数少些；水温较高，施肥量要少，次数多些。阴雨和闷热将有雷雨时少施或不施，天晴适当多施。水色为油绿色或茶褐色，可以少施或不施肥；水色清淡的要多施。

2. 投饲

池塘施肥培养天然生物饵料还不能满足罗非鱼的生长需要，必须投喂足够的人工饲料才能获得高产。一般每天08：00—09：00、14：00—15：00各投喂饲料1次。日投喂量为鱼体质量的3%～6%。投喂的饲料要新鲜，霉烂变质的饲料不能投喂。豆饼、米糠等要浸泡后再喂。饲料要投放在固定的食场内。每天投饲量要根据鱼的吃食情况、水温、天气和水质而掌握。一般每次投饲后在1～2小时内吃完，可适当多喂，如不能按时吃完，应少喂或停喂。晴天水温高时，可适当多喂；阴雨天或水温低时，则要少喂；天气闷热或雷阵雨前后，应停止投喂。一般肥水可正常投喂，水质清淡要多喂，水肥色浓要少喂。

3. 日常管理

每天早、晚要巡塘，观察鱼的吃食情况和水质变化，以便决定投饲和施肥的数量。发现池鱼浮头严重，要及时加注新水或增氧改善水质。通常每15～20天注水一次，高温季节可视情况增加注水次数；另外，每2～5亩池塘配1.5千瓦叶轮式增氧机1台，每天午后及清晨各开机一次，每次2～3小时，高温季节可适当增加开机时数。

放养时可每亩搭配放养大规格鲢、鳙鱼种各50尾左右，适当套养一些肉食性鱼类，如投放翘嘴红鲌、斑鳢、大口鲇30尾左右。

4. 捕捞

按出池规格或按市场需求行情确定起捕时间，但当水温下降到15℃时，所有罗非鱼均应捕完。

三、鱼苗、鱼种培育及放养

鱼苗和鱼种培育是养鱼生产中的重要环节，其任务是为成鱼养殖提供数量充足、品种齐全、体质健壮、无病害的大规格鱼种。目前生产中的大规格苗种培育，一般分为鱼苗培育和鱼种培育两个阶段。鱼苗培育是将鱼苗经过15~20天左右的培育成为夏花的生产过程；鱼种培育是将夏花分塘后，继续培育2~3个月，成为全长13~17厘米以上的大规格鱼种的培育过程。

1. 鱼苗和鱼种的生长特点

其生长特点主要有两个：①新陈代谢旺盛。②生产速度快。在鱼苗、鱼种培育阶段，放养密度应适宜。鱼苗一般每亩放养3万~5万尾；鱼种一般每亩放养5 000~10 000尾。要注意加强施肥和投喂饲料，采取经常注入新水等措施才能使苗种生长快，成活率高。

2. 鱼苗、鱼种体质强弱的鉴别

主要从以下几方面鉴别。

（1）看体色　优质鱼苗应是群体色素相同，无白色死苗，身体清洁，略带微黄色或稍红。反之，则为劣质苗。

（2）看游动情况　在鱼篓里将水搅动产生旋涡，鱼在旋涡边缘溯水游泳的为优质苗；如鱼苗大部分被卷入旋涡，则为劣质苗。

（3）抽样检查　在白色瓷盆中，口吹水面，鱼苗溯水游泳，倒掉水后，鱼苗在盆底剧烈挣扎，头尾弯曲成圈状的为优质苗；如口吹水面，鱼苗顺水游泳，倒掉水后，挣扎力弱，头尾仅能扭动，则为劣质苗。

3. 鱼苗培育（鱼苗培育成夏花）

（1）苗池清整　主要包括修整和药物清塘两项工作。

①池塘修整：一般安排在冬季或初春进行。先排干水，让太阳曝晒1周左右，挖去过多的淤泥和杂物，铲除塘边杂草，平整池底，修补池堤，加高、加固塘基，疏通进、排水渠道等。

②药物清塘：具体做法和药物用量参照前文所述。

（2）鱼池注水和施放基肥 需注意以下几项工作。

①注水时间和注意事项：经排水清塘的池塘，一般在清塘消毒后1～2天即可注入新水。注水时进水口一定要用细密筛绢网过滤，严防野杂鱼随水进入鱼塘；注水深度开始时为50～70厘米。因浅水易于提高水温，节约肥料，培肥水质，有利于鱼苗生长和浮游生物的繁殖。

②施放基肥：参照前文所述。

③测定水质肥瘦的方法：根据水色和透明度来判断，参照前文所述。根据鱼类浮头程度来确定，放苗后，若鱼苗在每天黎明前开始浮头，太阳出来后不久即下沉，表明池水肥度适中；若浮头时间过久，则表明水质过肥，应加入新水；若不浮头或少浮头，则表明肥度不够，应继续适当施肥。

4. 鱼苗放养

（1）放养方式 一般采取单养方式。

（2）放养密度 一般为3万～5万尾/亩。

（3）注意事项 ①一般应在清塘消毒7～10天（待毒性消失）后方可放养。也可取池水于盆中试养3～5尾鱼苗，如第二天鱼苗活动正常，即可放苗。

②放苗时苗袋与池水温差应在5℃之内。如温差大，须先将苗袋置于池中0.5小时后，再慢慢用池水冲入苗袋使之一致后轻倒入池中。

③选择晴天上午或下午运苗放养。

④操作要细心，避免损伤鱼体。

⑤鱼苗入塘前应进行药物浸洗消毒。

⑥如遇有风浪，应在池塘的上风头离岸边1～2米处的水中放苗。

⑦列表记录，以备查阅。

四、病害防治

坚持预防为主，防治结合的原则。下面介绍一下吉富罗非鱼的主要病害和防治方法。

（1）小瓜虫病　此病由小瓜虫入侵皮肤、鳃部而引起，是罗非鱼越冬期主要的常见病，当水温在15~25℃时，2~3天可遍及全池，大量死亡。

防治方法：在越冬前，用生石灰清池消毒；用1%~2%的食盐水浸洗病鱼15~20分钟。

（2）斜管虫病　此病由斜管虫侵入皮肤和鳃部而引起。发病水温在15~20℃，3~5天后大批死亡。

预防方法：①用生石灰或0.7克/米^{3}硫酸铜全池泼洒，彻底消毒越冬池。②越冬池进鱼前用浓度为8毫克/升的硫酸铜溶液浸洗鱼体15~30分钟。

治疗方法：①采用硫酸铜和硫酸亚铁合剂（5:2）全池均匀泼洒，每立方米水体用硫酸铜0.5克和硫酸亚铁0.2克。②用2%食盐或用0.4%~0.5%福尔马林浸洗病鱼5分钟。

（3）车轮虫病　由于车轮虫大量寄生于鱼体鳃部和皮肤而引起，病鱼离群独游，浮于水面，游动缓慢，食欲减退，能引起大批死亡。

防治方法：①越冬池用0.7克/米^{3}硫酸铜彻底消毒。②用硫酸铜和硫酸亚铁合剂（5:2）全池泼洒，使池水浓度为7毫克/升。

（4）鳞立病　又名松鳞病、松皮病，这种病是由细菌引起的，并常年发生。

防治方法：①拉网、运输、放养时，应避免鱼体受伤。②用2%食盐水与3%小苏打混合液，浸洗病鱼10分钟。

罗非鱼抗病力强，在池塘养殖条件发病很少，仅在越冬期间，由于越冬池不适宜的水体环境，饲养管理不善以及在各种病原体的侵袭下常发生鱼病，除上述几种疾病外，还有水霉病、鱼虱病、

赤鳍病、气泡病和眼球白浊病等。

罗非鱼为热带鱼类，喜热怕冷，当水温降低到 12 ~ 13℃时就会引起死亡，所以应掌握最后一次起捕必须在第一次寒潮之前进行。捕捞方法主要有拉网扦捕、撒网捕捞、诱饵扦捕以及干塘捞鱼等。起捕的鱼类直接进入市场销售。

（广东省水产技术推广总站　蔡云川，饶志新，姜志勇）

龟鳖无公害养殖技术

无公害龟鳖养殖是无公害渔业的一个组成部分，主要有温室和外塘两种养殖模式。龟类养殖品种较多，如鳄龟、中华草龟、黄喉拟水龟、乌龟、巴西龟和金钱龟等；鳖类养殖品种相对较少，以中华鳖和清溪乌鳖为主。下面以鳄龟和中华鳖为例来介绍龟鳖的无公害养殖技术。

一、鳄龟无公害养殖技术

（一）养殖场地的选择

符合《农产品安全质量　无公害水产品产地环境要求》（GB/T 18407.4—2001）、《绿色食品　产地环境技术条件》（NY/T 391—2001）的规定，要求龟池环境安静，地势平坦，背风朝阳，光照、水源充足，水质优良，养殖用水符合《无公害食品　淡水养殖用水水质》（NY 5051—2001）的规定。水池由砖和水泥砌成，池底平滑，池壁平衡、光滑，具有一定的坡度，池中设有深水区、浅水区。池深 50～80 厘米，水深 30～50 厘米，根据鳄龟个体大小而定，原则上龟小水浅、龟大水深。陆地占龟池总面积的 20%～30%，供龟休息、活动及做饲料台，晒台的建设按《无公害食品　中华鳖养殖技术规范》（NY/T 5067—2002）的 3.8 条规定建造。陆地和水面有 20°左右的斜坡。龟池四周用砖和水泥等材料，沿龟池四周建成高1 米的围墙，龟池的进水口和排水口装置防逃网片。水泥池清理消毒按《无公害食品　中华鳖养殖技术规范》（NY/T 5067—2002）的 6.1.1 条规定进行。新建的水泥池在消毒前，还必须用清水浸泡10～15 天，浸泡期间换水、刷洗 1～2 次。土池清理消毒按《无公害食品　中华鳖养殖技术规范》（NY/T 5067—2002）的 4.1 条规定进行。

越冬保温棚以钢铁（或竹木）作柱和梁，用钢索（或竹木）在越冬池顶搭成“人”字形棚架，上面覆盖白色透明的农用塑料薄膜，作为保温越冬之用。也可再配套加热炉、鼓风机、水循环管道，作为人工控温越冬之用。

（二）鳄龟龟卵的孵化和稚龟的培育

1. 龟卵孵化

龟卵收集使用木质收卵箱，卵箱长50厘米、宽35厘米、高10厘米，卵箱底铺1层海绵，上铺2厘米细沙，孵化前选取受精发育良好的卵。卵的孵化使用泡沫塑料箱，箱底钻漏水孔，海绵覆盖，下铺3厘米粗沙，中间2厘米中沙，上铺2厘米细沙。控制温度和湿度，进行孵化。温度保持在25～32℃，沙子表面干燥时及时喷水，防止沙子过干或者过湿，经过2～3个月，稚龟即可出壳。孵化箱内的细沙容易发霉，因此，孵化的沙子要定期翻晒，每周一次，于晴天的上午把孵化箱搬到室外晒太阳1小时。同时15～20天翻沙检查一次，剔除黏沙的废卵，以免发育停止的废卵发霉，影响周围其他龟卵的正常孵化。此外，要经常检查各种防护设施，防止鼠、蛇、猫、蚂蚁等动物进入孵化房。

2. 龟苗培育

龟苗孵出后，对龟苗肚脐部位进行消毒，然后移入稚龟培育箱培育，每箱放入稚龟40～60只。刚出壳的稚龟体重为5～10克，由于卵黄囊尚未完全吸收，可在盆中暂养，不投饲。待卵黄囊吸收完全后转入浅水盆或者浅水池中培育，此时稚龟池的水不能太深，以刚淹没龟背为宜，以后随着龟的生长逐渐加深水位。稚龟饲料以红虫、绞碎的鲜鱼肉或动物肝脏为好，也可以投喂配合饲料。投喂饲料应符合《无公害食品　渔用配合饲料安全限量》（NY 5072—2002）的要求。每日投喂2次，分别于08：00—09：00、17：00—18：00进行。按照“四定”原则，投喂量为龟体质量的3%～5%，以2小时吃完为宜。

3. 稚龟越冬及管理

当室外水温下降到18℃时，就要为稚龟准备越冬。越冬的方式主要有自然越冬和温室越冬两种。

（1）自然越冬 越冬池应选择在阳光充足、避风向阳和环境安静的地方。越冬前要对池及龟进行消毒。水池内可以放入一些泥沙，让龟掘穴冬眠。水池水位应保持恒定，上面放些水浮莲，面积占水面的1/3。如果气温太低，可在水池上方覆盖薄膜保温。

（2）温室越冬 目前在龟类的养殖中，都采用加温的方法来进行快速养殖。保持水温在28～30℃。加温的方式有多种，如利用温泉水或工厂余热水加温、锅炉加温和电加温等。若用温泉水或工厂余热水加温，须经水质化验确认无毒后，方可采取兑水调温方式加温，否则应通过管道加温。电加温一般为电热器直接加温池水。锅炉加温多为循环管道式加温。用哪种加温方式，依各自的条件和能力而定。加温培育期间正常投喂，投喂方法和管理方法与越冬前一样。

（三）成龟饲养

稚龟经过半年多的培育，到翌年4—5月份气温回升，稳定在20℃以上时，稚龟就可以转移到室外水泥池养殖了。池子大小以40～60米^2/个为宜。

放养前，水池用50毫克/升的高锰酸钾溶液浸泡30分钟后排掉，加入新水备用。稚龟消毒后，将大小相近的个体放在同一池中饲养，规格为500克左右的，放养密度为4～6只/米^2。以后每隔一段时间，当出现不同个体生长差异时，继续根据不同规格进行分级、分池养殖。

在养殖过程中，每天投喂2次，投喂饲料为小杂鱼或者人工配合饲料，饲料符合《无公害食品　渔用配合饲料安全限量》（NY 5072—2002）的要求，投喂量为龟体质量的3%～5%，07：00—08：00投喂1次，投喂量为全天的1/3，17：00—18：00再投喂1次，投喂量占全天的2/3，每次投喂两小时后将剩饵清除。每天早晚、投喂前后巡池检查，观察龟的活动、摄食、生长情况，发现问题及时处理。每周将水池清洗消毒一次，根据龟的健康状况，对龟进行消毒。保持规格一致，密度合理。成龟采用一批放养，

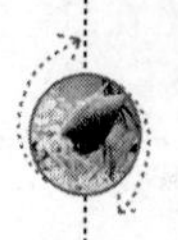

一批捕捞的方法，以免影响鳄龟的生长和造成损伤。成龟的密度以2只/米^{2}较为合适。

(四) 病害防治

坚持以"预防为主，防治结合，综合治理"为原则。养成期间的主要龟病有胃肠炎、腐皮病、腐甲病、寄生虫病等。主要防治药物与使用方法如下。

(1) 胃肠炎 多因饲料腐烂变质，水质恶化，龟感染气单胞菌所致。

治疗方法：①保持水质清洁，定期更换池水；②把好饲料质量关，不投喂腐烂变质的食物；③定期投喂微生物制剂，保持良好水质，投喂药物预防疾病的发生，预防遵照《无公害食品　中华鳖养殖技术规范》(NY/T 5067—2002) 的4.4.2.2.1条规定。

(2) 腐皮病 在高密度的饲养下，因龟互相爬抓、争食咬伤，细菌感染而发病。

防治方法：①注意适宜控制放养密度；②保持良好的水质环境，定期消毒水体，杀灭病原体。

(3) 腐甲病 病龟背的某一块或者数块角质盾或椎盾腐烂而发病。

防治方法：①加强饲养管理，加强营养，提高抗病力；②用雷佛奴尔溶液涂抹病灶。用药符合《无公害食品　渔用药物使用准则》(NY 5071—2002) 的规定。

(4) 寄生虫病 鳄龟寄生虫有纤毛虫、孢子虫、线虫等。

防治方法：定期给水体杀虫及投喂杀虫药，如B型灭虫精、阿维菌素、伊维菌素等。用药符合《无公害食品　渔用药物使用准则》(NY 5071—2002) 的规定。

适宜养殖区域：长江以南地区。

二、中华鳖（日本品系）无公害养殖技术

(一) 养殖场地的选择

养殖基地的选择应符合《农产品安全质量　无公害水产品产

地环境要求》（GB/T 18407.4—2001）和《绿色食品　产地环境技术条件》（NY/T 391—2007）的规定，并要求环境安静，背风朝阳，光照充足，水源充足，养殖用水水质符合《无公害食品　淡水养殖用水水质》（NY 5051—2001）的规定。鳖场进水、排水系统分设，鳖进水口、排水口对角对流建造。鳖池的类型和规格见表13。

表13　中华鳖养殖池的类型和规格

鳖池类型		面积/平方米	形状	池深/米	水深/米	池堤坡度/°	池底沙泥厚度/厘米	池边与防逃围墙距离/米
稚幼鳖池	水泥池	50～100	东西走向长方形	1.2～1.4	0.8～1.2	90	5～10	—
	土池	500～1 500	东西走向长方形	1.2～1.5	0.8～1.2	30	5～10	0.5～1.0
成鳖池	土池	1 500～5 000	东西走向长方形	2.0～2.5	1.0～2.0	30	10～15	1.0～2.0
保温、控温越冬池	水泥池	50～100	南北走向长方形	1.2～1.4	0.8～1.2	90	5～10	—
	土池	500～1 500	南北走向长方形	1.2～1.5	0.8～1.2	30	5～10	0.5～1.0

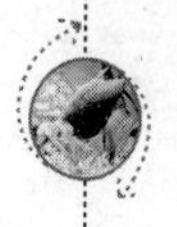

（二）池塘建设

用薄水泥板等材料，沿鳖池四周围成70厘米高的围墙，下端埋入土中30厘米，鳖池的进水口、排水口安装防逃网片。用水泥预制板或木板做成长1～2米、宽0.2～0.5米的饲料台，搭设于池中近岸处，一边淹没在水下10～15厘米。并按《无公害食品　中华鳖养殖技术规范》（NY/T 5067—2002）的3.8条规定建造晒台。越冬保温棚以钢铁（或竹木）作柱和梁，用钢索（或竹木）在越冬池顶搭成“人”字形棚架，上面覆盖白色透明的农用塑料薄膜，作为保温越冬之用。也可再配套加热炉、鼓风机、水循环管道，作为人工控温越冬之用。

（三）稚、幼鳖培育

1. 放养前准备

水泥池清理消毒按《无公害食品　中华鳖养殖技术规范》（NY/T 5067—2002）的6.1.1条规定进行。新建的水泥池在消毒前，还必须用清水浸泡10～15天，浸泡期间换水、刷洗1～2次。土池清理消毒按《无公害食品　中华鳖养殖技术规范》（NY/T 5067—2002）的4.1条规定进行。

鳖池经消毒处理后，灌水至60～70厘米。每亩水面施放绿肥200～300千克于池水中堆沤培水，1周后捞取不易腐烂的根茎残枝。经培水后，水色呈嫩绿色或茶褐色，水泥培育池由于面积小，一般另以专用土池进行培水，使用时将池水灌入水泥池；土池培育稚鳖、幼鳖，一般在本池培水。

2. 鳖苗选择及放养

选择自繁并确认性状优良的鳖苗，或从中华鳖（日本品系）良种场选购。刚孵化出的稚鳖，要求体质量为3.5～6.0克，规格整齐，无伤病，无畸形，活力强。将刚出壳的稚鳖收集到塑料盆内暂养，待体表浆膜、脐带自然脱落后，用15～20毫克/升的高锰酸钾溶液浸浴15～20分钟。将经消毒处理的稚鳖连盆移至鳖池中，把盆缓缓倾斜，让鳖自行爬出。放养时间，宜选择在晴天上午。

3. 放养密度

水泥池每平方米水面放养80～100只；土池每平方米水面放养8～15只。

4. 投饲管理

投喂饲料为经漂洗、消毒的鲜活水丝蚓、新鲜无污染的动物肝脏及鲜嫩干净的蔬菜叶和食用花生油。应符合《无公害食品　渔用配合饲料安全限量》（NY 5072—2002）和《中华鳖配合饲料》（SC/T 1047—2001）规定的稚鳖、幼鳖配合饲料要求。日投饲量（干重）为鳖总重量的3%～5%，并根据天气变化及摄食情况适当增减，每次投饲以 2 小时内能吃完为宜。

下池后第一周投喂水丝蚓或配合饲料加肝脏类；第二周起投喂稚鳖配合饲料 60%，加肝脏类 35%、蔬菜类 5%，并逐步减少肝脏类，增加配合饲料和蔬菜类；经过 20 天培育后，投喂稚鳖配合饲料 90% ~92%、蔬菜类 8% ~10%，另加入投饲量 1% 的花生油，并逐步减少稚鳖配合饲料，增加幼鳖配合饲料。饲料要搅拌混合均匀，捏成团状或圆条状，均匀投放在饲料台上离水面 2 ~3 厘米处。每日投喂 2 次，07：00—08：00 投喂 1 次，17：00—18：00 再投喂 1 次。

5. 水质调节

定期检测水质。如果水质恶化，需及时加进新水（与原池水温不能瞬间相差 5℃）或同时排出部分原池水，保证水质符合《无公害食品　淡水养殖用水水质》（NY 5051—2001）的规定。

6. 越冬管理

（1）自然越冬　刚孵出的中华鳖，经 15 ~20 天的培育，体质量从3. 5 ~6. 0 克长至 6. 0 ~10. 0 克即可从水泥池出池，分规格转入土池，进入稚幼鳖培育的第二阶段。达到稚鳖、幼鳖培育的规格要求后，再转入食用鳖池放养。达到 100 克以上规格的幼鳖，可以在食用鳖池自然越冬。越冬池底部要有 10 ~15 厘米沙泥底土，池水深提高到 1. 5 米以上。池塘自然越冬一般不投饲料，放养密度为每平方米水面 8 ~15 只。

（2）温室越冬　11 月份前后，越冬池可覆盖塑料薄膜，进入采光增温、保温越冬。前期气温较高，可局部覆盖，后期气温较低，要全池覆盖，使棚内水温保持在 20℃ 以上。遇气温回升，可开启通风门换气。增温、保温越冬，要适量投喂饲料。加温、控温越冬，要求水温不低于 25℃，按常规养殖用法用量投喂饲料。温棚越冬，放养密度为每平方米水面 20 ~30 只。翌年 4 月份，自然水温回升到 25℃ 并趋于稳定后，可准备幼鳖出池。出池前逐步揭开保温棚塑料薄膜以通风透气，逐步向池内注入新水，使越冬

池环境与外界接近。选择天气晴朗的日子，干池捉鳖、冲洗和分级，以高锰酸钾溶液浸泡，用药方法和用药量按《无公害食品 中华鳖养殖技术规范》（NY/T 5067—2002）的规定，经消毒后装运至食用鳖池放养。稚鳖一般要培育到100～150克规格，以适应翌年成鳖饲养放养的规格要求。

（四）成鳖饲养

1. 幼鳖放养

放养前做好池塘清理消毒并培养好水质，每平方米水面放养个体规格为100～150克的幼鳖2～3只，同池规格尽量一致。放养时将经消毒处理的幼鳖连盆移至鳖池中，缓缓把盆倾斜，让鳖自行爬出。放养时间宜选择在晴天上午。

2. 投饲管理

投喂符合《无公害食品　渔用配合饲料安全限量》（NY 5072—2002）和《中华鳖配合饲料》（SC/T 1047—2001）规定的幼鳖、成鳖配合饲料；新鲜的蔬菜、瓜果、红薯叶等植物性饲料；新鲜无污染的鱼、虾、贝、蚯蚓等动物性饲料；食用花生油。日投饲量（干重）在前期（体质量小于300克时）为鳖总重的3%～4%，后期为2%～3%，并根据天气变化及摄食情况适当增减，每次投饲以2小时内能吃完为宜。一般配合饲料占88%～92%，植物性饲料占8%～12%，另加入投饲量1.0%～1.5%的食用花生油，搅拌混合均匀，捏成团状；有鲜活动物性饲料时，动物性饲料占投饲量的20%，并相应减少配合饲料量。水温在25～32℃时，日投喂2次，一般为09：00前和16：00后。夏季高温阶段，分别为08：00前和17：00后；水温在20～25℃时，日投喂1次，水温在18～20℃时，2天投喂1次，在午后投喂；遇大风、大雨或水温低于18℃则停喂。将饲料均匀投放在饲料台上离水面3～8厘米处。

中华鳖对转换饲料敏感，在转换饲料时，为防止因此引起的挑食、拒食现象，要在原饲料的基础上逐步增加新饲料比例。完成此过程，一般需7天时间。

3. 日常管理

坚持早、中、晚巡池检查，每天投饲前检查防逃设施；随时掌握吃食情况，以此调整投饲量；观察鳖的活动情况，如发现有行为异常的鳖或病鳖，及时隔离；及时清除残余饲料，清扫饲料台；查看水色、测量水温、闻有无异味，做好巡塘日志。

4. 捕捞

当鳖的个体达400克以上时，即可适时捕捉上市。平时用围捕或人工下水踩泥手捉，如大批量上市，可一次性排干池水人工捕捉。

（五）病害防治

养成期间的主要鳖病有腐皮病、疖疮病、出血病、白底板、肠炎病、纤毛虫病等。主要防治药物与使用方法见表14。

表14　中华鳖主要疾病防治措施

药物名称	用途	用法与用量
生石灰	改良水质、杀菌、杀毒	全池泼洒，每亩每米水深用20千克
氯制剂（强氯精）	防治腐皮病、疖疮病等细菌性的鳖病	全池泼洒，每亩每米水深用200~300克
高锰酸钾	杀虫、杀菌，用于防治纤毛虫、腐皮病等	浸浴，10~20克/米^3
大蒜素粉（含量10%）	防治细菌性肠炎病等	拌饵投喂，每千克鳖用药0.2~0.3克，连用4~6天
土霉素	用于防治鳖细菌性皮肤病、肠炎病等	拌饵投喂，每千克鳖用药0.8~1.0克，连用5~7天
聚维酮碘	防治鳖出血病、白底板病等	全池泼洒，每亩每米水深用200~300克

通过该技术的实施，可使养殖中华鳖发病率降低10%，提高其质量安全水平和养殖经济效益。

本项技术适宜于江浙、华南地区推广养殖。

（浙江省水产技术推广总站　何丰，孟庆辉）

鳗鲡标准化健康养殖技术

一、范围

本标准规定了日本鳗鲡（*Anguilla japonica*）食用鱼池塘健康养殖的环境条件、健康养殖技术、病害预防技术、包装及运输、养殖管理。

本标准适用于日本鳗鲡食用鱼的健康养殖。

二、规范性引用文件

下列文件中的条款，通过本标准的引用而成为本标准的条款。凡是注日期的引用文件，其随后所有的修改单（不包括勘误的内容）或修订版均不适用于本标准，然而，鼓励根据本标准达成协议的各方研究是否可使用这些文件的最新版本。凡是不注日期的引用文件，其最新版本适用于本标准。

GB/T 18407.4—2001	农产品安全质量　无公害水产品产地环境要求
GB/T 9956	青鱼鱼苗、鱼种质量标准
GB/T 11778	鳙鱼鱼苗、鱼种质量标准
GB 11607	渔业水质标准
NY 5051—2001	无公害食品　淡水养殖用水水质
NY 5072—2002	无公害食品　渔用配合饲料安全限量
GB 13078	饲料卫生标准
NY 5071—2002	无公害食品　渔用药物使用准则
NY 5068	无公害食品　鳗鲡
SC 1004	鳗鲡配合饲料

SC 1008　　　　　　池塘常规培育鱼苗鱼种技术规范

肯定列表制度—2006. 05. 29　　日本厚生省

三、术语和定义

本标准所称的健康养殖是指鳗鱼质量安全，即鳗鱼产品质量符合保障人体的健康、安全的要求。

池塘（土池）指广东省佛山市顺德区使用的池塘（也称软式养鳗、土池养鳗），它利用露天的普通池塘，稍加改造成为精养池塘，具有基建费用低、施工快、投入少、技术要求低、易转产和效益明显等优点。

鳗鱼养殖指成鳗养殖，即将5克左右的鳗种养成个体重为150～250克或以上的商品鳗。

肯定列表制度指由日本政府颁布，适用于所有出口日本水产动物药物残留检测的标准，该制度被引用于本标准。

养殖管理指养殖过程中的规范化管理制度与措施。

外延养殖区指应用广东省佛山市顺德区的鳗鱼养殖技术在环境更好的域外地区进行养殖的区域。

四、环境条件

1. *产地环境*

（1）气候　养殖地气候变化较小，每年有6个月以上时间气温为15～32℃。

（2）生态环境　产地周边生态环境良好，植被丰富，环境基本条件符合GB/T 18407. 4规定。

（3）地势　养殖场地势平坦、进水和排水方便，不会造成各养殖场间的交叉污染。

（4）地质　坚实、保水性能好，土质以沙质土或黏壤土为佳，尽量避免酸性。

（5）交通　场外陆路交通方便、快捷，场内道路通畅，满足机动车辆通行要求。

(6) 电力 电网电力供应充足、稳定；必须配备能满足养殖和生活需要的备用发电机。

2. 水环境

养殖采用地下水或水库水，水源充足，水质无污染；水质应符合 NY 5051—2001 及GB/T 18407. 4—2001 的要求。

3. 养殖场地

(1) 规模 养殖水面面积应达到 3. 33 公顷以上。

(2) 养殖场 排灌方便，有独立、完整的进水、排水系统、进水处理系统和污水排放处理系统；具有与外界环境隔离的设施，生活区与养殖区分设；具有独立分设的药物和饲料仓库，仓库保持清洁干燥，通风良好。

(3) 布局 要合理，符合卫生防疫要求。

(4) 池塘 ①整体指标要求：建在阳光充足、通风良好的地方；排列整齐，集污、排污能力强，有独立的进水口和出水口；各池塘有规范化的编号；池塘连片统一规划、池塘面积以 330 ~ 700 平方米为宜；池基牢固，无渗透崩塌，池底平坦；底泥以沙质或泥沙质硬底为佳，塘泥淤积不超过 20 厘米，池深 1. 8 ~ 2. 5 米，水深 1. 5 ~ 2. 0 米。

②增氧机配置：池塘每 2 000 ~ 2 500 平方米面积配备 1. 5 千瓦的水车式增氧机一台，最好全池再配置涡轮式增氧机 1 ~ 2 台。

4. 池塘水质

外延养殖区内水源为水库水，水质符合 NY 5051—2001 的规定，溶氧量达到 5 毫克/升以上。

五、健康养殖技术

指将规格为 5 克/尾的鳗种饲养至商品鳗规格的养殖技术。

1. 池塘整理、消毒与培养水质

(1) 鳗池清整、消毒 鳗种放养前对鳗池进行清理和消毒。

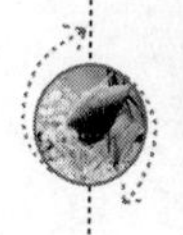

冬季将池水排干，清除过多的淤泥和池内杂物，曝晒池底，池底呈灰白色、土质干裂后即可。检查塘基，进水和排水系统。投放鳗种前10天左右，施用生石灰清塘，用量为1 125～1 500千克/公顷，应符合NY 5071—2002的要求；清塘后4～5天进水30～35厘米备用。

（2）培养水质 对清塘后4～5天进水30～35厘米的池塘按0.5～1.0毫克/升的浓度施用晶体敌百虫，以杀死池中的水蚤、轮虫等浮游生物，然后按15～30千克/公顷的量施用尿素，使池内水体中的藻类繁殖起来；接入微囊藻，使水色保持“肥、活、嫩、爽”，放养鳗种后，逐渐加水至正常水位。

2. 苗种放养

（1）苗种质量 鳗种要求体质健壮，体表光洁，规格整齐，无病无伤，游泳活泼。鳗种必须经过仔细检查，一方面要鉴别是否混有欧洲鳗鲡和美洲鳗鲡等其他鳗种；另一方面要鉴别是否为隔年的“老头鳗”。一般来说，当年的新鳗种，体色清新灰白而有光泽，吻端圆钝，身体丰满，肌肉丰润，活动力强。用手轻抓鳗体，有圆滑柔嫩之感。而隔年的老鳗种，体色较黄，色泽暗淡，头部和吻端较尖，肥满度差，身体瘦长，用手轻抓鳗体油滑度差，并有坚实感。

（2）鳗种消毒 鳗种放养时要经过消毒。鳗种在入池前，要进行显微镜常规镜检，如发现寄生虫等疾病，待进行处理后再入池。

药浴消毒方法：可用0.5%～0.9%的食盐水长时间浸洗鳗种。1.5%～2.0%浓度的盐水，浸洗鳗种15～20分钟即可。鳗种在药浴时，要注意避免阳光直射，水温以25℃为宜。药浴时必须充气，以防缺氧。在药浴过程中要注意观察，以防发生意外，如发现有异常情况，应立即停止药浴。

（3）放养 ①放养时间：选择无风、晴天放养。放养前对池塘增氧。同时在放养前两天试水，确定安全后，再行放养。放养后当天傍晚，全池泼洒聚维酮碘等药物进行消毒，用量为0.05～

0.10 毫克/升，按 NY 5071—2002 的要求执行。

②合理混养：混养就是在鳗鱼池中投放一定数量的其他鱼类，利用搭配鱼种与鳗鱼在生活习性和食性等方面的互利性，充分利用养殖水体的立体空间，提高水中食物的利用率，进而提高养殖效益。混养品种有鳙鱼、鲢鱼、青鱼和一些不影响鳗鱼生长的下层底栖鱼类品种。这些鱼类在池塘中摄食残饵、有机碎屑、底层藻类以及水生植物、浮游动植物。它们的觅食活动可以清除有害的生物和过剩的有机物，同时可以促进底质有机物氧化，有助于稳定和维护良好的水质。

③混养密度：每公顷放养规格为 0.25～0.50 千克的鲢鱼、鳙鱼 750～1 200 尾，规格为 0.25 千克/尾的青鱼 150～225 尾。

鳗种的放养密度可参考表 15。

表 15　鳗种放养密度

鱼池级别	放养规格/（尾·千克$^{-1}$）	出池规格/（尾·千克$^{-1}$）	放养密度/（尾·公顷$^{-1}$）	饲养天数/天	备注
1	500～800	100	225 000～195 000	25	个体质量达到 100 尾/千克的分池，余下原池继续饲养
2	100	25～35	105 000～135 000	40	个体质量达到 25～35 尾/千克的分池，余下原池继续饲养
3	25	7～10	45 000～75 000	45	个体质量达到 7～10 尾/千克的分池，余下原池继续饲养
4	7～10	2.5	22 500～30 000	100	达到上市规格，分批上市

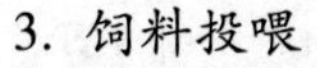

3. 饲料投喂

(1) 食台设置及配套设施　食台做成 1.5 米（长）×1.0 米（宽）×0.6 米（高）规格的框架，设置在池塘靠交通干道面，置于池埂正中；食台距池边 1.5～1.0 米，食台没于水中约 2/3；用木桥与塘基和食台连接。于食台侧面距其 7～8 米处设置一台水车

式增氧机。

在距池边2米处，用宽为40厘米的网衣围成一个约30平方米的正方形投食区域。

（2）饲料调制 饲料中添加一定比例的水和油脂，用搅拌机调制成柔软而膨胀、黏弹性强、不易溃散的团块状后，方可投喂。加水比为1∶（1.3～1.5），油脂控制在3%～5%。饲料符合NY 5072—2002和SC 1004的要求。

（3）投饲方法 饲料中投喂坚持“四定”原则，即定质、定量、定时、定点；将饲料直接投入食台中即可。

（4）投饲量 根据鳗池中鳗种的规格和重量、前一天的摄食情况以及当天的天气和鳗鱼在水中活动情况等而定，每次投喂量以30分钟内吃完为宜。投饲率见表16。

表16 鳗种的投饲率

规格/（克·尾$^{-1}$）	投饲率/%
50	3～5
>50	2～3

（5）投喂次数和时间 每天投喂2次，分别在05：00—06：00、17：00—18：00投喂。冬季和春季投喂1次。

4. 日常管理

①水质管理。鳗鱼对水质要求较高，需对表17所列因素进行监测和调控。

表17 鳗鱼养殖水质主要调控因子

水质因子	溶氧量/（毫克·升$^{-1}$）	酸碱度（pH值）	透明度/厘米	氨氮/（毫克·升$^{-1}$）	硫化氢/（毫克·升$^{-1}$）	亚硝酸盐/（毫克·升$^{-1}$）
适宜范围	>6	7.5～8.5	20～35	<1.0	<0.2	<0.1

水质要求：pH值控制在7.5～8.5，溶氧量保持在6毫克/升以上，透明度保持在25～35厘米，氨氮浓度小于1.0毫克/升，有机

耗氧量小于12～15毫克/升，水位调节控制在1.5～2.0米，严冬和炎夏水位加至2.0米以上，以保证池塘水质温度稳定。

②在养殖过程中应加水补充池水的蒸发，在秋末至早春季节，养鳗池每月换水1～2次，每次换水量为池水的10%左右，夏季每15日加水1次，每次加水量为池水的5%～10%。

③晚上及中午及时开动增氧机，中午开机2～3个小时，其他恶劣天气，可适当延长。

④定期全池泼洒沸石粉等水质改良剂，当池水pH值在7.0以下时，可全池泼洒生石灰，将池水pH值提高至7.5～8.5。夏季池水透明度大于35厘米，冬季大于30厘米时，应适当减少换水量或每公顷水位，用复合肥3千克兑水全池泼洒，以增加池水中浮游植物生物量，改善池塘水体溶解氧及水质状况。

⑤定期全池泼洒有益微生物制剂。

⑥做到一勤、二早、三看、四定、五防。一勤，即要求勤巡塘，每日至少3次，观察鳗鱼的活动和摄食情况；二早，即尽早放养，在水温允许情况下争取放养；三看，即看天、看水、看鱼；四定，即投饲稳定；五防，即防治疾病、防逃鱼、防高温、防严寒、防农药、防有毒污水及其他鳗池的排污水流入鳗池，以减少交叉污染。

⑦定期进行水质监测，每天对池塘的pH值、溶解氧作检测，每5～7天对池塘水质作全面监测、评价，并针对存在的问题采取相应措施。

⑧保持养殖场环境符合标准，保持池塘内环境卫生，保持池内无杂物、无漂浮物。

⑨作好养殖生产过程中的养殖记录。

5. 疾病防治

坚持“以防为主，防重于治，防治结合，科学治疗”的原则。

（1）预防 彻底做好放养池塘的清理和消毒工作。苗种放养时，作常规病检，放养的鳗种不带病原。鳗种在放养、分养时，动作要轻柔、细心操作，避免鱼体受伤，并做好鱼体消毒工作，

使用的网具及其他工具要经消毒后使用。定期（一般每7天）对食台及渔具等进行消毒、浸洗。每次对饲料（粉料）制作机械、盛装器皿进行消毒、清理、分类存放。每次投喂饲料后及时清除残饵，并用专用器皿盛装处理，不得随意丢弃。保持养殖环境清洁卫生，池水水质清新。饲料、其他生物饵料要新鲜、清洁、不带病毒。软饲料制作后需投完，不得剩余。加强镜检与巡池，定期作镜检（7天），投食观察，发现病鱼、死鱼及时隔离、捞除、深埋，对死鱼深埋要远离养殖区，上盖生石灰后掩埋，不准乱丢弃病鳗鱼、死鳗鱼，忌将其埋于水源区。

（2）治疗　在治疗之前，应进行病害的诊断，确诊后再使用渔药。使用药物，要按照我国、水产品进口国家（或地区）的有关规定，使用高效、低残留、无污染药物，不使用禁用药物。使用药物时，应严格执行NY 5071—2002的规定。不得使用规定以外的任何禁用渔药，应注意使用药物的休药期，达到期限方可捕捞上市，避免和减少药残的发生。

六、起捕出池

鳗鱼起捕出池之前，应注意使用药物的休药期达到期限，并进行安全质量检测，符合质量后方可出池。

1. 停食

起捕出池之前应停食1天（夏季停食2天）。

2. 选别

选大留小，将达到规格的鳗鱼出池，而未达到规格的鳗鱼留池继续养殖。

3. 暂养

在暂养池（流水）暂养。

4. 包装

（1）每批产品　应标注产品名称、数量、产地、生产单位、出场日期。

（2）活体鳗鲡 应采用符合卫生、绿色食品要求的包装材料充氧包装。

5. 运输

活体鳗鲡在运输中应保证氧气充足，用水水质应符合NY 5051—2002 的规定；运输过程中要对活体鳗鲡进行降温，温度保持在 4 ~ 6℃；运输过程中不得使用麻醉药物，不得与有毒有害物质混运。

七、管理措施

鳗鱼养殖人员应具备从业资格证书；水产养殖技术员应具备水产养殖鱼病防治资格证书。

要设置有技术员和质量监督员岗位，且二者不能为同一人担任。养殖过程中的用药必须要凭处方，药品由质量监督员发放。

要有完善的组织管理机构和书面的养殖管理制度（包括生产、卫生、疾病防治、药物使用等）。

要遵守国家有关药物管理规定。

要建立重要疾病及重要事项及时报告制度。

要做好用药记录。

对产品要建立可追溯的管理制度及产品标签制度。

（广东省水产技术推广总站　饶志新，钟金香，麦良彬）

大黄鱼健康养殖技术

大黄鱼（*Pseudosciaena crocea*），俗称黄鱼、黄花鱼和黄瓜鱼，隶属于硬骨鱼纲、鲈形目、石首鱼科、黄鱼属，是我国重要的海洋经济鱼类。随着捕捞技术的提高和捕捞强度的增强，大黄鱼资源遭到严重的破坏，致使我国大黄鱼天然产量急剧下降，几近枯竭，从而成为珍稀鱼类，身价倍增。浙江省于1997年开始大黄鱼人工育苗和养殖，1998年迅速进入产业化，成为海水养殖的主要养殖鱼类品种。大黄鱼养殖主要有网箱养殖和池塘养殖两种模式，均取得明显效益。目前浙江省大黄鱼养殖主要采用网箱养殖模式。网箱养殖主要有传统网箱养殖和抗风浪深水大网箱养殖两种，现将其养殖情况介绍如下。

一、传统网箱养殖

（一）网箱养殖区选址

1. 地形及海区条件

要求最低潮位水深在3米以上；海底平坦、倾斜度小，以泥沙底质最为适宜；潮流畅通，流量适中，水体交换良好；可避大风浪；水质清澈新鲜，透明度高；附近无直接的工业“三废”排放及农业、生活、医疗废弃物等污染物排入。

2. 水文气象条件

（1）水温　水温范围为8～30℃，早春鱼苗在水温14℃以上放养为宜，最适水温为20～28℃。

（2）盐度　海水盐度要相对稳定，常年变化范围为18～33，骤变幅度小。

（3）pH 值 以 7.0～8.5 为宜。

（4）透明度 0.2～0.8 米，最适为 1.0 米。

（5）溶氧量 4 毫克/升以上。

（6）流速 海水流速以 0.3～0.8 米/秒为宜，网箱内流速以 0.2 米/秒为宜。

（二）网箱的设置与维护

1. 网箱布局

养殖大黄鱼的网箱为浮动式网箱，根据网箱大小以及潮流和风浪的不同情况，每 100 个左右网箱连成一个网箱片，由数十个网箱片分布的局部海区形成网箱区，每个网箱区的养殖面积不能超过可养殖海区总面积的 15%。网箱布局应与流向相适应，各网箱片间应留宽 50 米以上的主港道，数个 20 米以上的次港道，各网箱片间的最小距离为 10 米以上，每个网箱区之间应间隔 500 米以上。每个网箱区连续养殖两年，应收起挡流装置及网箱，休养半年以上。

2. 网箱区的环境卫生

网箱中及台筏架上的生活污水、废弃物、残饵、垃圾、病死鱼等不得直接丢弃于海区，各网箱片应设收集容器予以分类收集，各网箱区应配备船只专人负责收集废弃物进行专门处理。

（三）网箱的选择

（1）网箱规格 一般为（3.0～6.0）米 ×（3.0～6.0）米 ×（2.5～3.0）米。

（2）网箱的网衣 以无结节网片为宜。

（3）网目 放养全长 25～30 毫米鱼苗，网目长为 3～4 毫米；放养全长 40～50 毫米鱼苗，网目长为 4～5 毫米；放养全长 50 毫米以上鱼苗，网目长为 5～10 毫米。

（四）鱼苗运输

根据运输距离长短和鱼苗的个体规格大小而定，活水船运输密度为 1.5 万～6.0 万尾/$米^3$；充氧塑料薄膜袋（规格为 0.4 米 × 0.8 米）包装运输宜在 15℃以下进行，每袋 200～1 000 尾。

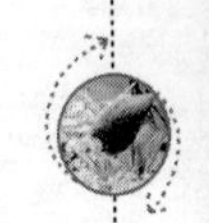

（五）鱼苗放养

投放鱼苗选择在小潮汛期间，水质新鲜，以低平潮流缓时为宜。低温季节选择在晴好天气且无风的午后，高温季节宜选择在天气阴凉的早晚进行。全长25毫米的鱼苗，放养密度为1 500尾/米^{3}左右，随着鱼体的长大，密度逐渐降低。

（六）饲料种类

（1）刚入网箱的鱼苗　可投喂适口的配合饲料、新鲜鱼贝肉糜、糠虾、解冻后的大型冷冻桡足类等。

（2）25克以上的鱼种　可直接投喂经切碎的鱼肉块。

（七）饲料投喂

采用少量多次、缓慢投喂的方法。刚入网箱时，每天投喂3～4次，以后可逐渐减少至2次，早晨和傍晚各投喂1次。全长30毫米以内的鱼苗，在20℃以上时，鱼贝肉糜日投饵率为100%左右，随着鱼苗长大，逐渐降低投饵率。

（八）日常管理

1. 换、洗网箱

在高温季节，网目长为3毫米的网箱隔3～5天应进行换洗，目长4毫米的网箱隔5～8天换洗，网目长5毫米的网箱隔8～12天换洗；网目长10毫米以上的视水温情况在15～30天进行换洗。同时，对苗种进行筛选分箱和鱼体消毒。

2. 其他管理

每天定时观测水温、盐度、透明度与水流等理化因子以及苗种集群、摄食、病害与死亡情况，发现问题应及时采取措施并详细记录，做好养殖日志记录。

二、深水网箱成鱼养殖

（一）深水网箱类型

1. 重力式全浮网箱

以挪威为代表的重力式全浮网箱基本都是圆形，用高密度聚乙烯（HDPE）为材料，底圈用2～3道250毫米直径管，用以网箱的成形和浮力，可载人行走。上圈用125毫米直径管作为扶手栏杆，上下圈之间也用聚乙烯支架。该类型网箱逐渐向大型化发展，现阶段主要规格的直径为25～35米，即周长为78.5～110.0米，最大的周长已达120米，甚至180米，深40米，可养鱼200吨，最大日投饲量6吨；另外，最大的橡胶管网箱——八角形网箱每边长已达20米。PE－50的相对密度为0.95，可浮于水面，使用寿命在10年以上。设计性能为：抗风能力12级，抗浪能力5米，抗流能力小于1米/秒，网片防污6个月。

2. 浮绳式网箱

该种网箱是浮动式网箱的改进，相比之下，具较强的抗风浪性能，日本最早使用。首先，网箱由绳索、箱体、浮力及铁锚等构成，是一个柔韧性的结构，可随风浪的波动而波动，具有“以柔克刚”的作用；其次，网箱是一个六面封闭的箱体，不易被风浪淹没而使鱼逃逸。柔性框架由两根直径2.5厘米的聚丙烯绳作为主缆绳，多根直径1.7厘米的尼龙绳或聚丙烯绳作副缆绳，连接成一组若干个网箱软框架，再用直径1.0厘米的尼龙绳或聚乙烯绳作浮子绳，用于固定浮力，并将其固定于框架的主、副缆绳上。浮子的间距为50～100厘米/个，并在主缆的两端各固定一个大浮体。

（二）网箱养殖海区选址

1. 地形及海区条件

网箱养殖海区选择要符合有关海区功能区划和发展规划要求；无工厂排污影响；充分估计强台风、大风浪的破坏力，以有自然屏障的海区为宜，要避开海沟；海区大干潮最低潮位水深应大于9米；底质以泥或泥沙为宜，锚泊范围内不能有暗礁（石）及大型硬质沉降物。

2. 水文气象条件

（1）**水温**　水温范围为8～30℃，最适水温为20～28℃。

（2）**盐度**　海水盐度要相对稳定，常年变化范围为18～33，

骤变幅度小。

（3）**pH 值** 以 7.0～8.5 为宜。

（4）**透明度** 在 0.3 米以上。

（5）**溶氧量** 4 毫克/升以上。

（6）**流速** 一般大潮最大流速不大于 1.1 米/秒。

（三）网箱布局

一般以 10 口网箱串联为 1 排，2 排并联为 1 组，顺流布局，口间距 8 米以上，排间距 10 米以上，组间距纵向 60 米以上，横向 50 米以上。

（四）鱼种选择

鱼种应选择健壮活泼、游动正常、体表完整、体色鲜明、体形肥满、规格整齐的个体。

（五）鱼种运输

1. 运输方式

长距离、大批量的鱼种运输，大多数采用活水舱充氧运输；中、短距离运输，视鱼种数量、个体大小，可采用敞口容器充氧运输。

2. 运输前准备

（1）**消毒** 先将所有的工具进行消毒，再对鱼种进行药浴消毒。

（2）**停食** 运输前鱼种应停食 1～2 天。

（3）**锻炼** 需拉网密集锻炼 1～2 次，以增强鱼种的体质，适应运输环境。

（4）**分苗** 分出大小，以便同样大小个体在同一网箱内。

3. 运输注意事项

①运输应选择低温凉爽天气；夏季天气热，气温高，最好在早上、傍晚或夜间运输，运输控温与水温差别不能太大。

②鱼种在过数、搬运等操作过程中，动作要轻柔细致，防止机械损伤鱼体。

③在运输过程中，要及时充气增氧，密切注意鱼种的活动状况及水温变化，发现死鱼应及时捞出。

④鱼种进箱前，若水温相差太大，应通过逐级升温或降温暂养；外地采运的鱼种，若两地盐度相差太大，应在池子中逐级淡化或咸化后方可放进网箱养殖。

（六）苗种放养

（1）放养时间　放养时间尽量选择在小潮平潮时刻。低温季节在晴天午后，高温季节在早上或傍晚进行。

（2）放养规格　鱼种的放养规格原则上以鱼体不能钻过网目为标准。大规格鱼种，其抗风浪、抗疾病及适应环境能力相对较强，所以放养大规格鱼种，有助于提高鱼种成活率。一般情况下，放养鱼种尾重的规格以100克、150克、200克较好。

（3）放养密度　一般1口规格为13米×13米×8米的浮绳式深水网箱，可放养规格为100克左右的鱼种15 000尾左右。

（4）放养操作　放养前鱼种应用淡水浸浴3～10分钟或用10～15毫克/升的高锰酸钾溶液浸泡5～10分钟，放养时，要小心操作，尽量避免损伤鱼体。

（七）鱼种筛选分箱

鱼种经过一段时间的饲养后，随着个体生长，密度过大，须定期进行分箱处理，按鱼种规格大小，体质强弱分开饲养，以防饲料不足时弱肉强食。

（八）投饲管理

1. 饲料种类

网箱养鱼所用饲料，通常有新鲜饲料、冰冻饲料及配合饲料。具体选择哪一种饲料，应视养殖鱼类及结合当地的实际情况而定。

2. 饲料颗粒大小

应根据鱼体大小而定，小规格个体的鱼种，应投喂鱼肉糜或适口的小颗粒配合饲料；中等规格、大规格个体的鱼种，可投喂适口的鱼块或配合饲料。

3. 投饲时间及次数

一般应在平潮或潮流缓时投喂。对于潮流较缓的海域，应实行定时投喂，高温季节应在日出前、日落后投喂，低温季节应在日出后、日落前投喂。一般夏秋两季水温高，鱼类的摄食和新陈代谢旺盛，可每天投喂2次；冬春季节水温低，可每天投喂1次。鱼种期间，投饲次数多些，而成鱼期间，投饲次数少些。

4. 投饲量

网箱养殖鱼类的日投饲量，应根据水质、水温、鱼的摄食情况等因素来确定。一般情况下，鱼种期间的日投饲量为鱼体质量的5%～10%；成鱼期间日投饲量为鱼体质量的1%～5%。遇大风浪、水质恶化及恶劣天气时，应少喂，甚至停喂。

5. 投饲方法

（1）**撒投**　即边投料边摄食，食完再投，多吃多投，少吃少投，直至鱼群不再上浮争食，开始游散时停止投喂。

（2）**搭饲料台投喂**　对浮性饲料，可搭浮性饲料框，沉性饲料一般设饲料篮。开始投喂时，须经过一段时间的训练，使鱼类养成到饲料台摄食的习惯。

（九）日常管理

（1）**检测**　对于水体的一些主要理化因子，如水温、盐度、pH值、溶氧量等，要做到定期检测，同时结合每天的投饲、吃食及病死鱼情况，作好养殖记录。

（2）**测量**　周期性地对鱼体进行抽样测量，记录体长、体重，算出阶段饲料系数，作为调整投饲量的依据。

（3）**检查**　经常观察鱼群摄食、游动及残饵情况，同时还要做好一系列安全检查工作，包括检查网具是否破损，是否有逃鱼；检查连接网箱的绳索有否松动脱落等。

三、病害防治

大黄鱼养殖的常见病害主要有细菌性疾病、寄生虫性疾病、营养缺乏引起的疾病、药物中毒症和生物敌害五类，包括弧菌病、烂鳃病、肠炎病、白点病等近20种，并且随着养殖密度的提高，新的病害还在不断地产生。鱼病防治应坚持“预防为主，无病先防，有病早治”的原则，其综合预防措施如下。

①对采购的鱼种，须进行检疫，把好质量关，严禁收购患病鱼种；②切忌投喂变质不新鲜甚至腐烂的饲料；③定期投喂药饵，投饵做到定时定量细心投喂；④控制海域和网箱的放养密度，保持良好的生态环境；每日观察鱼群活动情况，建立鱼病信息档案，发现病鱼及时治疗；⑤妥善处理病死鱼，对网箱中漂浮的病死鱼应及时捞出，集中掩埋或焚化。

（浙江省象山县水产养殖技术推广站　陈　琳）

对虾健康养殖技术

一、一般介绍

我国的对虾养殖业历史悠久，早在400多年前南方沿海就开始建造鱼塭，利用潮水自然涨落纳入天然苗种进行鱼、虾、蟹养殖，所需营养物质完全依赖天然生物饵料，属于天然生态的粗养方式。从20世纪80年代开始，随着对虾工厂化人工繁育技术的突破，我国的对虾养殖业进入了大发展时期，并逐渐形成了中国对虾、日本对虾、南美白对虾、墨吉对虾、长毛对虾、斑节对虾等多品种的大家庭。

对虾养殖初始阶段，池塘粗养是主要的养殖模式，亩产量一般在几十千克至百余千克不等；随着池塘设施和管理水平的提高，养殖模式逐渐从粗养向半精养、精养转变，亩产量提高到100～200千克，随着南美白对虾的引入，使亩产量再上新台阶，达到1 000千克左右，同时养殖技术日臻完善。目前，精养方式主要集中在广东、海南两省，其他省份现阶段大多数采取半精养、粗养。按养殖品种数量分为单一品种养殖和多品种混养等模式。

1992年全国养殖面积200万亩，养殖产量约为20万吨，成为世界养殖大国，对虾养殖业也达到顶峰。但由于养殖池塘过于密集以及大排大灌的养殖方式等原因，引起养殖病害的传播蔓延，导致1992年下半年虾病爆发，使得对虾养殖业进入了低谷。因此，规范对虾养殖生产过程中的各个环节，倡导健康养殖，生产无公害、安全、优质的对虾产品，是实现我国对虾养殖业可持续发展的必由之路。

对虾健康养殖技术着重点在于防止病害、敌害的发生，应采取有效措施切断外源性（水源、饲料、虾苗等）和内源性（池塘及水中的小型甲壳类）病害、敌害的侵入途径。具体内容包括：池塘处理、肥水、苗种选择及放养、饲料选择与投喂、病害防治等共性技术和不同养殖模式下的不同品种管理技术。

二、关键技术

1. 池塘条件

地点选择在无污染，水质符合《无公害食品 海水养殖用水水质》（NY 5052—2001）的要求，排灌方便，可排洪水，pH 值为 7 ~ 9 的地方。池塘要求稳固，半精养池塘以单池面积在 15 ~ 50 亩，水深在 1. 5 ~ 2. 0 米为好；精养池塘以单池面积在 10 亩以下，水深在 1. 5 ~ 3. 0 米为好。

2. 池塘消毒

旧池塘应彻底消毒。先将池底淤泥、残饵等污物清除出去，曝晒一段时间后翻耕 20 厘米，然后再曝晒；进水放苗前按下列方法消毒。

（1）生石灰清塘　生石灰即氧化钙。生石灰清塘方法分为干法清塘和带水清塘两种。干法清塘是先将池塘内的水放干或留水深 5 ~ 10 厘米，在塘底挖掘几个小坑，每亩用生石灰 70 ~ 75 千克。把生石灰倒入小坑或水缸等乳化，不待冷却立即均匀遍洒全池，经过 7 ~ 8 天药力消失。带水清塘常用于不能彻底排干塘水的池塘。按每亩 100 ~ 150 千克（水深按 1 米计）将生石灰倒入木桶或水缸中溶化后立即趁热全池均匀遍洒。实践证明，带水清塘比干法清塘防病效果好。其缺点是成本高，生石灰用量比较大，碱性较强的水体不能用此法清塘。

（2）漂白粉清塘　漂白粉一般含有效氯 30% 左右。施用时先用木桶加水将药物溶解，立即全池均匀遍洒。水深为 1 米的池塘每亩用量为 13. 5 千克。水泥池一般采用漂白粉进行消毒。

（3）茶粕清塘　茶粕又称茶籽饼，能杀死泥鳅等各种野杂鱼

类、螺蛳、河蚌、蛙卵、蝌蚪和一部分水生昆虫。使用茶粕清塘，一般采用带水清塘，使用时先将茶粕捣碎，放在缸内浸泡，隔日取出，连渣带水均匀泼入塘内即可，按水深1米计，每亩用量为40～45千克。使用时每50千克茶粕加1.5千克食盐和1.5千克生石灰药效更佳。

（4）塘克宁 塘克宁是采用特殊工艺处理浓缩而成的新型植物提取物，是一种绿色环保清塘剂。用于虾、蟹池塘清塘，具有其他药物不可取代的功效。使用时，将本品放入桶内，加50～100千克水充分搅匀后全池均匀泼洒。本品1千克可施用6亩池塘。

新挖池塘如果土质偏酸，适当加生石灰改善底质，使池水的pH值调整到7以上。

3. 安装增氧机

养虾使用的增氧机以水车式为好，一般每2亩配备1台增氧机，亩产量在750千克以上者，每亩配备1台。增氧机一般安装在池塘转角处，与池底增氧相结合。中间可装1台涡轮式增氧机，以保持池水顺时针方向转动。粗养池塘如果设计亩产量在100千克以下的，也可以不安装增氧机。

4. 消毒池水

清塘后1个星期左右，施用稳定型二氧化氯消毒剂全池消毒杀菌（露天池塘施药24小时后可放苗），第二天，每亩池塘施15～25千克沸石粉或其他底质净化剂，同时，施用利生素等有益微生物制剂，以保证优良的水质。

5. 培养基础生物饵料

优质水体是对虾健康养殖的根本保证。土池清塘3天后，通过60～80目筛绢进水60～100厘米，有淤泥的池塘宜施用无机复合专用肥，如中国水产科学研究院南海水产研究所研制的“单细胞藻类生长素”，用量为1～2千克/亩，新开发池塘第一次施肥可以每亩施25千克经发酵的鸡粪，以后追肥施氮肥5.0千克，磷肥0.5千克（氮∶磷=2∶1），分2～3次投放，每隔4～5天追肥一次。

施肥不仅要少而勤，而且要掌握“三不施”原则，即：水色浓不施，阴雨天不施，早晚不施；宜在晴天中午施肥。使池水透明度保持在30～50厘米。水色以黄绿色、浅绿色、茶色为佳，保持“爽、活、嫩”。池水变浅或藻种老化时，应适时追肥，保持水质稳定。使水体理化指标达到：pH值为7.8～8.5；溶氧量不低于5.0毫克/升，氨氮低于0.2毫克/升，亚硝酸盐低于0.015毫克/升。

具备资源条件的地区接种蜾蠃蜚或勾虾（麦秆虾），每亩接种2～4千克，以促进其在池内繁殖，为虾苗提供营养丰富的动物性生物饵料。

6. 投苗

培养好基础生物饵料，调节好水质，经试水（24小时以上）合适后，即可投放和池塘盐度相近的虾苗。苗种要求：盐度相差在3之内、无伤无病害、虾苗较长、健壮、肢体清洁、健全、无卷曲现象、漂浮上来后能很快附壁或下沉、逆游能力强、对刺激反应敏捷、个体大小基本一致，每批苗种经水生动物防疫检疫部门检测，确保不携带WSSV、TSV等病毒。

7. 饲料的选择和投喂

选择饲料要关注饲料营养、加工工艺、诱食性和利用率，选择质量好、信誉高、有经营许可证的正规厂家生产的配合饲料。

①视池塘中的生物饵料密度和虾苗胃肠饱满度，确定起始投喂时间，池塘四周设置饲料观察网，根据网上残饵情况，酌情调整投喂饲料量。

②投喂量一般5天调整1次。根据对虾个体大小、放养密度、水温、天气、水质及对虾健康状况，灵活掌握。坚持科学投喂，少量多次，天气或环境不好时，宁少毋多。

③投喂次数前期少、后期多。前期每天2～3次；中期3～4次；后期4～5次。

④在饲料中添加适当维生素C、活菌、中草药、免疫多糖等免疫增强剂和营养强化剂，以提高对虾的体质和抵抗力。

8. 病害预防

坚持以防为主，防重于治，防治结合，有病早治，无病预防的原则，尽量避免疾病发生。平时做好以下预防工作：①池塘整治；②选购优质苗种；③定期（每7天1次）投喂药饵；④每10天施用光合细菌、芽孢杆菌或EM菌等有益微生物1次；⑤水温达28℃后，每10天泼洒1次二氧化氯或二溴海因消毒池水；⑥采用混养等技术措施预防疾病发生。在池塘中建立一个合理的生物群落，不同种类搭配混养。常见的混养种类有河鲀、淡水白鲳等。

9. 对虾主要病害流行情况及处理措施

（1）对虾病毒病 流行情况：6—7月份为高发期，水温在18℃以下为隐性感染，在20～26℃时发病猖獗，为急性暴发期。对虾桃拉综合征发病时间约在30～60天，5～9厘米的个体易发病。

防治方法：养虾池在放苗之前，应彻底清池，并使用生石灰、漂白粉等消毒；放苗密度应控制在适宜范围内；适当混养其他养殖品种，采取生态养殖模式；养殖过程中使用微生物制剂和水质改良剂；饲料中添加免疫增强剂；使用有机碘制剂。

（2）细菌病 流行情况：发病时期为7—10月份，大批发病与死亡，主要发生在养殖后期。近年来流行较广，危害较大。

防治方法：加强水质调节，定期使用水质改良剂。发病初期全池泼洒二氧化氯，同时在饲料中添加抗生素。

10. 新型生态养殖模式介绍

以下模式适合粗养及半精养池塘。

（1）对虾和红鳍东方鲀混养模式 放苗密度：亩放对虾苗4 000尾、红鳍东方鲀60尾，对虾苗种选择中国对虾“黄海1号”或“黄海2号”虾苗。随着养殖技术和经验的提高，亩放对虾数量可适当增加到7 000～8 000尾。

适宜地区：全国沿海地区养殖水域，尤其是山东省以北省市。

日本对虾和红鳍东方鲀的混养模式详见下文“养殖实例”部分的介绍，适宜于江苏省以北沿海地区。

（2）对虾与贝类混养模式 中国对虾每亩放苗4 000尾、缢蛏（杂色蛤或菲律宾蛤仔）50千克（4 000～6 000粒/千克）。其他品种的贝类则掌握在：毛蚶苗1万粒/千克，每亩放养40万～45万粒；青蛤苗300～400粒/千克，每亩放养20万～25万粒；菲律宾蛤仔苗8 000粒/千克，每亩放养45万～50万粒。

适宜地区：虾贝混养模式尤其适宜于山东、江苏、浙江和福建等省，其他沿海省份均可参照养殖。

（3）对虾与蟹混养模式 日本对虾亩放苗6 000～10 000尾、三疣梭子蟹Ⅱ期幼蟹3 000～5 000只。适宜于山东、辽宁、河北、天津、江苏、浙江等省市。河北省沧州市和黄骅市沿海，近几年日本对虾和三疣梭子蟹混养取得很大成功，每亩利润在2 000～3 000元不等。

日本对虾亩放苗6 000～10 000尾、锯缘青蟹Ⅴ期幼蟹800～1 000只。适宜于浙江、福建、广东、海南等省。

南美白对虾亩放苗10 000～20 000尾、锯缘青蟹Ⅴ期幼蟹800～1 000只。适宜于浙江、福建、广东、海南等省。

南美白对虾亩放苗10 000～20 000尾、三疣梭子蟹Ⅱ期幼蟹3 000～4 000只。适宜于江苏省以北省市养殖。

（4）南美白对虾与鱼混养模式 亩放养南美白对虾虾苗40 000～60 000尾、淡水白鲳400～500尾或罗非鱼200尾左右。

适宜于滨海地区盐碱水域池塘。

三、养殖实例

（一）日本对虾、红鳍东方鲀健康养殖（海水）

1. 基本情况

养殖年度：2009年；养殖户名称：尹向辉；地址：河北省乐亭县向光海水养殖场；养殖面积：360亩。

2. 放养情况

放养日本对虾，第一茬放养密度为 6 000 ~ 8 000 尾/亩，第二茬为 2 000 尾/亩；混养红鳍东方鲀，混养密度为 60 ~ 70 尾/亩；4 月底投放红鳍东方鲀，5 月上旬放养日本对虾。

3. 关键技术措施

①在放苗前 10 ~ 15 天向养殖池内移植蜾蠃蜚或蚤钩虾，使其在池内繁殖，作为对虾幼虾的基础饵料。

②使用光合细菌、EM 菌等有益微生态制剂调控水质。

③养殖中、后期投喂卤虫、篮蛤等鲜活饵料。

④7 月 10 日左右投放第二茬日本对虾苗种。

4. 产量和效益

日本对虾亩产量为 55 ~ 60 千克，红鳍东方鲀亩产量为 45 ~ 50 千克；亩产值为 4 900 ~ 5 100 元，亩效益为 1 500 ~ 1 600 元。亩成本为 3 400 ~ 3 500 元，其中饲料成本占 60%。投入产出比为 1:(1.4 ~ 1.5)。

5. 养殖效果分析

日本对虾与红鳍东方鲀混养模式通过培养基础饵料生物、使用有益菌调控水质，避免了其他药物的使用，减少了病害发生，实现了健康养殖，保障了食品安全。

（二）南美白对虾健康养殖技术（盐碱水）

1. 基本情况

养殖年度：2009 年；养殖户名称：田俊海；地址：河北省俊海水产养殖有限公司；养殖面积：80 亩。

2. 放养情况

放养南美白对虾，密度为 3 万尾/亩，放养时间为 5 月 19 日。

3. 关键技术措施

①水质调控；②苗种选择；③苗种放养时间和放养密度；④养殖管理；⑤病害防治。

4. 产量和效益

亩产量为287千克；亩产值为6 314元，亩效益为2 807元。亩成本为3 508元，其中饲料成本占60%。投入产出比为1∶1.8。

5. 养殖效果分析

养殖效益提高27%，病害发生率降低15%。

（河北省水产技术推广站　李中科）

海水蟹类健康养殖技术

海水经济蟹类的养殖是海水养殖业的重要组成部分。随着社会主义市场经济的不断发展，海水经济蟹类的健康养殖在我国沿海地区如雨后春笋般地迅速开展起来。但随着人们生活水平的提高，人们对水产品的安全质量越来越重视，无公害绿色的健康食品成为消费的时尚。因此，大力倡导和发展无公害水产品的健康养殖，提高水产品的质量和档次，就必须要求养殖业者转变观念，掌握新技术，生产健康的绿色食品，满足人们的绿色消费需求。三疣梭子蟹、锯缘青蟹等海水蟹类，是浙江省最主要的两个海水蟹类养殖品种。三疣梭子蟹、锯缘青蟹具有生长速度快、养殖周期短、市场容量大、经济价值高和养殖效益好等特点。现将三疣梭子蟹和锯缘青蟹养殖技术介绍如下。

一、三疣梭子蟹养殖技术

1. 池塘条件

场址应选择在潮流畅通、无污染、交通方便、进水和排水方便、沙泥或泥沙底质的海区，水源盐度为15～32。池塘面积为3～4.5亩，水深1.2～1.8米，东西走向，有滩面的池塘，塘底要开几条沟渠，滩面整修成坡垄；淤泥较多的池塘，需适量铺沙，高度与不铺沙滩面一致。塘内设置网片、竹枝等隐蔽物。

2. 放养前准备

（1）清池与消毒　上一年起捕结束后，可将池水排净，根据池底的污染情况，决定清池方法，如果池底黑化层在10厘米以下，可将池底翻耕，充分氧化曝晒。曝晒时间应在1个月以上；如果池底黑化层超过10厘米，则应将淤泥彻底清除出池塘。放养前20～

30 天进行消毒处理，选择晴好天气，先进水 30 ~ 40 厘米，将生石灰或漂白粉兑水化浆后全池均匀泼洒，2 ~ 3 天后将水排净曝晒，直至药性消失。生石灰用量一般为 350 ~ 400 毫克/升；漂白粉用量一般为 50 ~ 80 毫克/升。

（2）**进水与施肥**　放养前 10 ~ 15 天，用 40 ~ 60 目筛绢网过滤进水 40 ~ 60 厘米，视水质情况，适当施肥培水。肥料一般采用尿素、过磷酸钙等化肥或复合肥和鸡粪等有机肥。新塘施有机肥，并结合使用化肥；老塘可施化肥。有机肥用量为 50 ~ 100 毫克/升，氮、磷化肥比例为（5 ~ 10）：1，首次氮肥用量为 2 ~ 4 毫克/升，以后 2 ~ 3 天再施一次，用量减半，并逐渐添水，池水透明度以 30 ~ 40 厘米为宜。

（3）**增氧设施**　精养塘须配备增氧设施。水车式增氧机功率按 4.5 ~ 7.5 千瓦/公顷配备。底充氧设施选择罗茨鼓风机或层叠式鼓风机，出气风压不低于 3 500 毫米水柱，并按 1.5 千瓦/公顷配备；主管道选直径为 100 毫米、充气管选直径为 20 ~ 25 毫米的 PVC 管，每隔 4 ~ 5 米打一气孔，孔径 0.5 ~ 0.6 毫米；管道用竹木桩贴近池底固定或用砖块沉绑，管道间距 8 ~ 12 米；主管道与充气管呈“非”字形或单侧排列。主管道与充气管均设有气量调节阀门。

3. 苗种放养

（1）**苗种选择**　一般选择体型正常、肢体完整、个体健壮、爬行迅速、反应灵敏、无病虫害的蟹苗，同批蟹苗要求规格整齐。人工蟹苗要求Ⅱ ~ Ⅲ期，规格在（1.4 ~ 3.0）$\times 10^4$ 只/千克以内，壳变硬时出苗；自然蟹苗宜就近海域收购，不能淋雨或离水时间过长，且壳色以青色为好。

（2）**苗种运输**　可采用 10 升的尼龙袋加水充氧运输，每袋装运 1 万 ~ 2 万只，水占尼龙袋体积的 1/3，氧占尼龙袋体积的 2/3，适合短距离运输；长距离运输多采用干运法，即将经低温处理并浸泡透的稻壳与Ⅱ期幼蟹苗一起装入袋内，充氧后运输。每袋装

苗0.50～0.75千克。

（3）放养密度 放养时注意海水盐度差不得大于5、温度差不大于3℃，水深60～80厘米，避免在大风、暴雨天气时放苗。

放养密度分以下三种模式。

①单养模式。放养时间为5月上旬至7月上旬，水温16℃以上。不同苗种来源放养密度不同，人工Ⅱ～Ⅲ期仔蟹苗种，放养密度为（7.5～9.0）$\times10^4$只/公顷，规格为（1.4～3.0）$\times10^4$只/千克；暂养Ⅴ～Ⅶ期仔蟹苗种，放养密度为（3.0～4.5）$\times10^4$只/公顷，规格为300～2 800只/千克；自然Ⅴ～Ⅷ期仔蟹苗种，放养密度为（3.7～5.2）$\times10^4$只/公顷，规格为140～2 800只/千克。

②三疣梭子蟹与脊尾白虾混养模式。

以蟹为主模式：5月中旬至6月份放养蟹苗，放养量比单养塘少一半，7月份每公顷放养脊尾白虾亲虾3.75千克。

以脊尾白虾为主模式：脊尾白虾亲虾每公顷放养量增加到9千克。

③三疣梭子蟹与日本对虾、贝类混养模式。蟹苗放养量与脊尾白虾混养模式相同；日本对虾7月份放养，每公顷套养12万～15万尾；缢蛏、泥蚶等贝类4—5月放养，养殖面积控制在滩面30%以内。贝类实养面积的放养密度分别为：缢蛏平均每公顷放养蛏苗（3.75～5.25）$\times10^6$粒，放养蛏苗规格为0.25～0.50克/粒、泥蚶平均每公顷放养蚶苗（2.25～3.75）$\times10^6$粒，放养蚶苗规格为1.7～2.5克/粒、青蛤平均每公顷放养蛤苗（1.5～3.0）$\times10^6$粒，放养蛤苗规格为3.3～5.0克/粒。

4. 养殖管理

（1）投饲管理 以动物性饲料为主，一般为蓝蛤、鸭嘴蛤等低值贝类、虾类、杂鱼，提倡使用配合饲料，以减轻养殖环境压力。与脊尾白虾混养的虾塘，一般早晨以小麦粉加鱼粉的人工饲料为主，晚上投喂鲜杂鱼饲料。投饲时，一般散投在池塘四周的固定滩面上，避免投入潜伏区。日投2次，05：00—06：00、

18：00—20：00 各 1 次，晚上投饲量占日投饲量的 70%。8 月份以后，有条件的每 10～15 天投喂 1 次活贝类，以增强体质，促进生长和性腺发育。

在梭子蟹不同生长阶段，鲜杂鱼虾的日投饲率如下：仔蟹Ⅱ～Ⅴ期（规格 2 800～30 000 只/千克）为 100%～200%；仔蟹Ⅴ～Ⅶ期（规格 300～2 800 只/千克）为 50%～100%；仔蟹Ⅶ～Ⅷ期（规格 140～300 只/千克）为 30%～50%；仔蟹Ⅷ～Ⅹ期（规格30～140 只/千克）为 15%～30%；仔蟹Ⅹ～Ⅻ期（规格 7～30 只/千克）为 10%～15%；仔蟹Ⅻ～Ⅷ期（规格 4～7 只/千克）为 5%～10%；仔蟹Ⅷ期后（规格小于 4 只/千克）为 3%～5%。配合饲料日投饲率：规格 1.5 克（甲壳宽约为 3 厘米）内为蟹体总重的 10%～15%；1.5～30.0 克（甲壳宽为 3～8 厘米）为 5%～8%；30 克（甲壳宽为 8 厘米）以上为 2%～4%。实际操作中视生长、天气、水质等具体情况适当调整，以 2 小时吃完为宜。

投饲原则：水质不好、天气闷热、大雨时少投或不投；脱壳前后增加投饲量，大批脱壳时少投；投饲 2 小时后观察残饵多少，作适当调整；交配期投喂蛋白质含量高的优质饲料；水温低于 15℃、高于 32℃时减少投饲量，8℃以下停止投喂。

（2）水质管理 ①水质要求：中、底层水温 15～32℃，盐度为 15～32，透明度为 30～40 厘米，水色为黄绿色或黄褐色，水位 1.0～1.5 米。pH 值 7.8～8.6，溶氧量 4 毫克/升以上，氨氮 0.5 毫克/升以下，硫化氢 0.1 毫克/升以下，化学耗氧量及生物耗氧量 5 毫克/升以下。

②水质调节：养殖前期以添水为主，使养殖池塘内水体处于微循环状态；养殖中期（高温期），每隔 3～4 天换水 1 次，换水量为 20%～40%；养殖后期，由于气温下降，投饵量减少，换水次数及换水量减少，5～7 天换水 1 次，换水量为 20%～30%；越冬期，天气好时，可在白天换水。为防止池底污染，定期使用微生物制剂和底质改良剂，微生物制剂应选择晴天使用，并及时增氧。

高温期间，每隔半月全池泼洒生石灰1次，用量为15毫克/升。遇高温、强冷空气时，提高塘内水位。暴雨后及时排去上层淡水，加注新鲜海水，保持盐度15以上，并全池泼洒生石灰10～15毫克/升。养殖中、后期，适时开启增氧机，开机时间一般每天4次，即：10：00—12：00、14：00—16：00、22：00—24：00、04：00—06：00。

（3）病害防治 彻底清淤消毒；放养优质苗种；合理投喂优质饲料；保持较高水位、水质清新和底质良好；定期用生石灰、二氧化氯等消毒水体；混养模式中应注意预防混养的虾类白斑病暴发，若发现病虾，使用聚维酮碘0.3～0.5毫克/升全池泼洒；蟹病流行季节，在饲料中加入中草药、大蒜素、维生素C等预防药物。发现病蟹，检查病因。发现死蟹及时捞出，蟹病及其防治方法见表18。

表18 梭子蟹常见疾病及其防治方法

病名	发病季节	病原	症状	防治方法
牛奶病	6—11月份，高峰期9—10月份	血卵涡鞭虫	壳体内有大量乳白色液体，中、后期拒食，1个星期后死亡	①以预防为主，初期用氯制剂消毒水体；②疾病流行季节用消毒剂和杀纤毛虫类药物进行预防
白斑病毒病	5—7月份及9月份	白斑综合征病毒	症状不明显，拒食、胃肠空、肝胰腺退化、活动呆滞，多数死于池边。确诊用PCR检测	①适量换水；②用二氧化氯、二溴海因、季铵盐类消毒；用量为0.3～0.5毫克/升，连续数次；③饲料中添加0.1%～0.2%氟苯尼考，连用1周
纤毛虫病	5—10月份	聚缩虫、钟形虫等固着类纤毛虫类	体表、附肢上呈白毛状	①加大换水，促进蜕壳；②外用纤虫净、氯制剂；③泼洒生石灰15～20毫克/升

续表

病名	发病季节	病原	症状	防治方法
弧菌病	苗种期、高温季节	鳗弧菌、副溶血弧菌等	蟹体瘦弱、昏睡状，甲壳上有创伤	①消毒水体：三氯异氰尿酸0.5毫克/升、二氧化氯0.3~0.5毫克/升；②内服：饲料中添加0.1%~0.2%氟苯尼考或三黄粉等
甲壳溃疡病	11月底至翌年3月份（塘底发黑、淤泥多的池塘易发）	弧菌、假单胞菌、气单胞菌、黄杆菌等能分解几丁质的细菌	甲壳溃疡，有锈斑或烧斑等黑褐斑点	三氯异氰尿酸、二氧化氯、二溴海因等消毒水体，连续2天

（4）防止互残 可采取以下措施：开沟、设置隐蔽物；放养规格整齐蟹苗，控制放养密度；投喂足量优质饲料；保持较高水位，透明度控制在30~40厘米；合理控制雌、雄比例，9月份以后进行雌、雄配养或分养，随着时间的推移，雌、雄比例从3:1到5:1，直至10:1。

（5）日常管理 每天凌晨和傍晚各巡塘一次，观察水质变化，检查蟹的活动、摄食情况，检修养殖设施，发现问题及时解决；测定水温、溶解氧、pH值、透明度、盐度、化学耗氧量等水质数值；定期测定蟹的壳宽、体质量等生长数值，做好养殖日志。

5. 起捕及运输

根据市场需求适时起捕，雄蟹一般在9月份开始陆续起捕，至10月底全部捕完；雌蟹可在交配后50天，体肥膏满时陆续起捕上市。一般采用蟹笼、放水、干塘等方法捕捞。蟹笼捕捞宜在夜间进行。起捕蟹绑螯后，也可在清洁海水的沙池中进行暂养。可用活水车、箱式保温车（车载长圆形塑料桶，桶内塑料鱼框重叠充气）运输，或在冰水槽浸泡3~5分钟麻醉包装运输。

6. 增产增效情况

养殖方式不同，产量也不同。池塘专养一般亩产75~125千

克，高产的达150千克；池塘混养一般亩产25～50千克；池塘育肥养殖一般亩产100～150千克，高产的可达200千克以上。

二、锯缘青蟹养殖技术要点

锯缘青蟹人工养殖主要的问题在于养殖所需苗种主要依赖于海区野生苗，虽然也有少量人工繁育的苗种，但往往因盐度差造成规格不齐、数量不稳定等。锯缘青蟹根据不同生产阶段，主要分为精养模式和蟹虾贝混养生态养殖模式两种。

（一）蟹种来源及选择

苗种有人工培育蟹苗和天然捕捞蟹苗。外购苗种需进行检疫。选择体质健壮、肢体完整、爬行迅速、反应灵敏、无病无伤的青壳蟹苗进行放养。

（二）放养密度

大眼幼体培育至仔蟹Ⅰ期、Ⅱ期，3 000～3 500只/米^2；仔蟹Ⅰ期、Ⅱ期培育至Ⅴ期、Ⅵ期蟹种，45～60只/米^2；养成池单养时，以放养Ⅴ期、Ⅵ期蟹种计，精养池为10 000～12 000只/公顷；作为辅养品种时，放养密度为2 250～5 500只/公顷。

（三）饲养管理

1. 水质控制

根据水质情况适时换水。仔蟹中间培育期间，应保证每天换水10厘米；成蟹养殖前期，以添水为主，中、后期在大潮期间换水2～3次，日换水量20%～30%。高温或低温季节，应提高塘内水位，暴雨后及时排去上层淡水。应不定期投放微生态制剂和水质改良剂，改善水质和底质。

2. 饲料投喂

以低值贝类和海捕小杂鱼虾及专用配合饲料进行投喂。中间培育期间，日投饲量以放养蟹苗个体质量的100%～200%投喂，每次脱壳后增加50%；养成阶段投喂鲜杂鱼虾、低值贝类。不同生长阶段，其投饲率不同：仔蟹Ⅴ期、Ⅵ期（规格：300～600

只/千克）日投饲率为50%～100%；仔蟹Ⅶ期、Ⅷ期（规格：170～300只/千克）日投饲率为30%～50%；仔蟹Ⅷ期、Ⅹ期（规格：80～170只/千克）日投饲率为15%～30%；仔蟹Ⅹ期以上日投饲率为10%～15%。通过放置池内的饲料观察网，随时调整投饲量，水温低于18℃、高于32℃时减少投饲量，水温在12℃以下停止投喂。投饲地点选择在池塘四周的固定滩面上。中间培育期间，每天投喂3～4次；养成期间，早晚各投喂1次，傍晚占总投饲量的60%～70%。

3. 日常管理

养成期间坚持早晚巡池，检查闸门、堤坝、防逃设施是否完好；观察水色、水位、青蟹活动、摄食情况；定期测量水温、盐度、pH值以及青蟹的壳宽、体质量等生长数值；按照无公害养殖技术要求，应做好养殖日志。

（四）病害防治

投喂优质饲料，定期使用微生态制剂和水质改良剂，通过换水、增氧等手段改善水质并保持水温、盐度的相对稳定；脱壳前交替使用生石灰15毫克/升、二氧化氯0.2～0.3毫克/升消毒水体；发现患病死蟹，应及时捞出，查找原因，采取相应措施，传染性病害死蟹应做深埋处理。锯缘青蟹常见病害治疗方法见表19。

表19　锯缘青蟹常见疾病及其防治方法

病名	发病季节	主要症状	防治方法
蟹奴	5—8月份	寄生虫病主要寄生在蟹的腹部，使蟹的腹节不能包被，患病雌蟹性腺发育不良，雄蟹躯体瘦弱	①选择苗种和检查蟹时，剔除蟹奴；②0.7毫克/升硫酸铜和硫酸亚铁合剂（5:2）全池泼洒，一般1次，病重者15天后再用1次
白芒病	多雨季节，盐度突降	病蟹基节的肌肉呈乳白色，折断步足会流出白色黏液	加大换水量，提高盐度，发病时，土霉素拌饲料投喂，用量为每千克配合饲料添加0.5～1.0克，连续投喂5天

续表

病名	发病季节	主要症状	防治方法
红芒病	高温干旱季节，盐度突然升高	病蟹步足基节肌肉呈红色，步足流出红色黏液	加注淡水，调节池水盐度
脱壳不遂症	越冬后及养殖后期	病蟹头胸甲后缘与腹部交界处已出现裂口，但不能蜕去旧壳	适当调节盐度，加大换水量，投放生石灰15～25毫克/升，投喂小型甲壳类和贝类

（五）起捕与吐沙

用流网、蟹笼、排水、干塘等方法起捕，捆绑后青蟹应在洁净海水中流水吐沙0.5小时。

（六）注意事项

越冬前适当降低塘内水位，促使秋蟹在塘底及塘沟两侧打洞越冬，冷空气来临前尽量加高水位，以防秋蟹冻伤，影响越冬成活率。

（七）增产增效情况

青蟹养殖产量和效益，根据不同养殖方式各有不同。池塘精养模式，一般亩产在150千克以上，两茬养殖可达200千克以上；与对虾、缢蛏和泥蚶等混养模式，亩产在50千克左右，养殖亩效益达3 000～5 000元。

（浙江省水产技术推广总站　周建勇，施礼科）

滩涂贝类健康养殖技术

一、一般介绍

贝类种类很多，绝大部分可供食用。目前已进行人工养殖的达近百种，主要为海产瓣鳃纲的种类，而其中最为常见、产量较大的是栖息在潮间带滩涂的品种，如文蛤、青蛤、缢蛏、蛤仔、四角蛤蜊、毛蚶等（图10）。

图10　滩涂贝类

滩涂贝类大多数潜居于潮间带或潮下带滩涂泥沙底质中，以浮游植物和有机碎屑为食，食物链短，是最有效率的优质动物蛋白来源，为海鲜市场的主打品种。我国有约2亿亩近海滩涂，发展滩涂贝类养殖空间大、潜力大、发展前景广阔。

滩涂贝类健康养殖技术相对于传统养殖技术与管理，包含了更为广泛的内容。不仅要求有健康的养殖产品，以保证食品安全，而且养殖生态环境应符合养殖品种的生态要求，养殖品种应保持相对稳定的种质特性。

随着滩涂贝类养殖技术的不断进步，从粗放型的封滩护养、移殖增养殖、围网养殖，逐步发展到池塘精养、池塘多元健康养殖模式，养殖经济效益显著提高，生态效益大大改善。

二、滩涂养殖模式

海区滩涂养殖具有成本低、见效快等优点，是目前滩涂贝类最主要的一种养殖方式。

（一）环境条件

1. 潮区

选择潮流通畅、水质清新、底栖硅藻丰富的中潮区下部至低潮区中部滩涂。该区域一般潮流畅通，饵料生物丰富；退潮露滩时间适中，便于管理及采捕作业。

2. 底质

滩涂平坦，稳定，不板结。文蛤养殖滩涂的底质，含砂量以70%以上为宜；青蛤、缢蛏等养殖滩涂的底质，以砂泥质为宜。

3. 盐度

大部分滩涂贝类喜栖息于河口附近海区，对盐度有着广泛的适应性，在海水相对密度范围为1.010～1.025（盐度相当于12.85～32.74）的海水中均能正常生长。

（二）苗种播放

1. 苗种规格

文蛤苗种以 2.5～3.0 厘米为宜；青蛤、缢蛏苗种以 2.0 厘米左右为宜；蛤仔、泥蚶苗种以 0.5～1.0 厘米为宜。

2. 投苗密度

以 30 粒/米^2 左右为宜。

（三）日常管理

①及时清除养殖滩面上的鱼类、蟹类、螺类等敌害生物。②台风季节发现贝类堆积，要及时疏稀。③如局部发生死亡，应及时拣除死壳，并用漂白粉等消毒滩面，防止或延缓病害扩散。

三、围塘养殖模式

（一）池塘条件

1. 池形与大小

池塘的结构以能提供贝类良好的生活环境为原则，一般以长方形为好，面积为 30～60 亩，可蓄水 1 米左右，进、排水方便。

2. 底质及处理

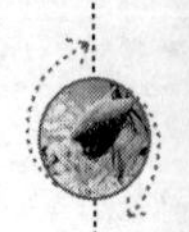

养殖青蛤、缢蛏、泥蚶等的池塘底质，以沙泥质为宜；养殖文蛤的池塘底质，要求含砂量在 70% 以上，如原池塘底质含砂量偏低，可适量加入细砂。

在苗种投放前，要清除淤泥、杂物，翻耕池底 20～30 厘米，消毒曝晒后碾碎、耘平，使底质得到消毒、改良，利于贝类钻栖。清池消毒常用生石灰、漂白粉等。

3. 水质

要求无污染，海水相对密度范围为 1.010～1.025（相当于盐度为 12.85～32.74）；pH 值为 7.5～8.5。

（二）培养基础生物饵料

为使池塘养殖的贝类能及时摄食到充足的生物饵料，应在池塘

消毒处理后及时施肥，培养基础生物饵料，然后再播放苗种。常用的肥料有鸡粪、牛粪及无机肥。每亩可施发酵鸡粪100千克左右。若自然海区水质较肥，单胞藻饵料丰富，可适当减少施肥量。

（三）苗种播放

1. 苗种规格

应以不小于滩涂养殖的苗种规格为宜。

2. 投苗密度

根据池塘条件及养殖管理水平，投苗密度可达50～100粒/米^2。

（四）日常管理

1. 勤换水

滩涂贝类通常潜居于底质中，是固定被动摄食的。池塘若换水少，水流动慢，贝类的大量摄食会引起局部缺饵，因此，若加大换水量，局部缺饵的情况就可得以改善。所以，在养殖过程中，特别是中、后期要勤换水，使养殖水体保持动态平衡，突出一个“活”字。

2. 适量施肥

在自然海区水质较瘦时可能会造成单胞藻类饵料的不足，这就需要根据具体情况适量施肥，培养基础生物饵料以利于贝类的生长。

3. 水温调节

贝类的存活生长与水温密切相关，在适温范围内，生长速度随水温上升而加快。但水温过高、过低，都会导致其生长不良甚至死亡。可以通过加大水流量或提高池水水位的调节方法，以稳定池底层的水温。

4. 盐度调节

养殖水体的盐度对贝类的存活生长亦有相当影响。在大暴雨前，可通过提高池内水位来稳定池塘底层海水的盐度，以防盐度剧降而对养殖对象造成不良影响。

5. 病害防除

①进池海水要经过网拦过滤以防止鰕虎鱼、蟹及玉螺等敌害生物进池，若发现则要及时消除；②及时捞除池内的水云、浒苔，以免其过度蔓生而对贝类造成危害。

四、生态养殖模式

（一）虾贝混养

指利用对虾养殖池塘，底播滩涂贝类苗种进行养殖。一方面对虾的残饵和粪便等可提供给贝类丰富的基础生物饵料，另一方面虾池较稳定的水质因子可提供贝类适宜的生长环境。

养殖技术要点如下：

①混养的贝类一般在虾苗投放前播种。

②贝类苗种的投放密度依池塘条件而定。如果虾塘的生态调控能力强，可承载较大密度的虾，投饵多，初级生产力高，贝类的放养密度可大些。反之，就应当放低贝类苗种投放密度。

③虾池较高的水深，有利于提高虾池载虾量，但集约化养虾池底有机物沉淀多，光线较弱，还原能力强，同时水太深又使池水流速减小。贝类营底栖生活，因此，水太深对贝类和对虾都不利，必须灵活掌握、因地制宜。

④其他技术要求与围塘养殖基本一致。

（二）封闭式内循环系统养殖

这是一种新型的海水贝类养殖模式，封闭式内循环系统养殖流程如图 11 所示。虾类或鱼类养殖池塘排出的肥水进入贝类养殖池塘，经贝类滤食后去除大部分单胞藻类及有机颗粒，再经植物池及生物包处理，去除水体中的可溶性有机质，净化后再进入虾类或鱼类养殖池，如此不断循环。

该养殖模式的优点如下：

①系统内水质稳定，可控度高，有利于给养殖对象提供优良的

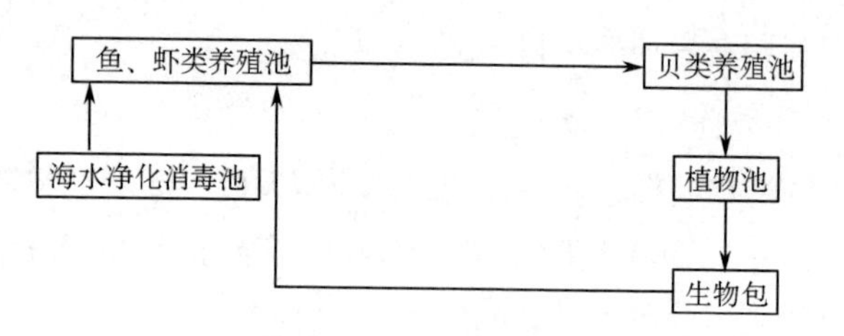

图11　封闭式内循环系统养殖流程示意

生态环境。

②水体在系统内循环，减少了外源海水带来病原及敌害生物的机会。

③系统运行中基本不向环境中排放废水，使养殖海区的环境得到保护。有利于沿海地区海水养殖业的可持续发展。

该养殖模式运用生态平衡原理、物种共生原理，利用处于不同生态位的生物进行多层次、多品种的综合生态养殖。传统的贝类养殖模式存在着生长速度慢、存活率低、回捕率低、产量低、水质不易控制、病害多发等问题，主要与养殖密度、底质状况、饵料及水质有关。生态综合养殖解决了贝类池塘养殖中存在饵料缺乏、水质过瘦等问题，利用鱼、虾养殖产生的残饵、粪便和有机碎屑，既能直接作为底栖贝类的摄食饵料，又可为水体中的单胞藻提供氮、磷等营养盐，促进单胞藻的生长，提高了养殖水体中饵料生物的数量，供给贝类食用。生态养殖模式通过不同生态位生物之间的相互作用，维持了养殖生态系的自我平衡，有效地控制了养殖污染，减少了病害的发生，从而达到了安全健康、可持续生产的目的。

五、主要养殖模式操作要点

文蛤、青蛤、缢蛏、蛤仔、泥蚶等滩涂贝类，虽然各自对底质、盐度、水温等有着不同的要求和适应范围，但总体说来，它们的生态习性极为相近，相关的养殖操作技术也大体类似。因篇幅所限，不详叙每个品种的养殖操作要求，下面以文蛤为代表介绍生产中常见的贝类养殖模式的操作要点。

（一）滩涂护养

1. 场地选择

护养增殖场地应选择滩涂平坦，稳定性好，底质松软，细沙含量为70%左右，风浪较小，潮流畅通的海区，海水盐度在15～30，附近有淡水河流注入，且有自然文蛤分布。一般应选择在中潮区下部至潮下带滩涂。

2. 防逃设施

文蛤具有迁移的习性，俗称“跑流”。迁移的时间多发生在晚春和秋末。晚春的迁移由潮下带迁向潮间带；秋末的迁移由潮间带迁向潮下带。在进行滩涂养殖文蛤时，有的养殖场地周围设置围网，围网设置与潮水涨落方向垂直，滩面净高50～70厘米，埋深30厘米，网目大小以苗种无法穿过为准，如图12所示。

图12　防逃网设置

3. 护养管理

①经常检查防逃网，及时修补网片，清理网上附着物和杂质。

②台风季节围网内文蛤极易在网根处堆积，应及时疏稀，避免长时间堆积造成死亡，如图13所示。

③文蛤护养区常有扁玉螺、红螺、蟹类等敌害生物，要及时

清除。

④高温季节病害易发，要注意观察有无“浮头”现象，以及“红肉贝”，做好病害防治工作。

图 13　清理网边堆积的文蛤

（二）滩涂移殖增殖

滩涂移殖增殖是针对场地环境条件适宜于文蛤生长，但由于自然资源少，或者不能形成稳定、有效的自然附苗场，不能自给自养，需投入外援苗种以满足养殖生产需要的养殖方式。

1. 移殖养场地的选择

文蛤移殖场地一般选择在潮流畅通、风浪较小、底质平坦松软、生物饵料丰富的中潮区下部至低潮区下部。其优点是：①露滩时间短，文蛤的摄食时间长，生活环境相对稳定；②采捕时间长，便于生产管理与作业；③该区域水体交换量大，受外界污染影响少，病害发生频率相对较小。

2. 苗种投放

①投苗时间：一般选择在春季的 3—5 月份（江苏以南为 3—4 月份，山东以北为 4—5 月份）和秋季的 9—10 月份，在大潮汛期间投放。

②投苗规格：所用的苗种一般采自自然海区，选用的苗种以壳长 2～3 厘米为宜，也可以根据养殖需要和养殖条件，投放 1～2 厘

米的小规格苗种或投放3～4厘米的大规格苗种。

③播苗密度：应根据滩涂养殖条件、苗种的不同规格来确定播苗密度。可参照表20。

表20　文蛤滩涂移殖增殖投苗规格与播苗密度

底质状况	播苗规格/厘米	播苗密度/（千克·亩$^{-1}$）
含沙量（50%）	1～2	40～50
含沙量（70%）	2～3	60～80
含沙量（70%）	3～3.5	100～120

④播苗方法：可分为干播法和湿播法两种。干播法即在潮水退却后，按预定的播苗量将袋装苗种等间距摆放，然后顺风向、倒退着均匀撒播蛤苗，其优点是撒播均匀（图14）；湿播法即在涨潮时人站在水中，手提苗袋进行撒播，或涨潮后船在水中缓慢前行，人在船舷两侧进行撒播，其优点是能提高苗种成活率。

图14　苗种干播

（三）池塘高产精养

1. 池塘构筑

池塘以长方形为宜，四面环沟，中央平台型，平台水深为1米，倾斜度为5%左右。沙泥底质，池塘面积以30～60亩为宜，设有主进水渠道和排水渠道，池塘两端设有独立的进水、排水闸门。

2. 放养前的准备工作

(1)清淤、消毒 在放养之前，应进行认真清池，旧池要清淤，将翻耕后的池底曝晒数日至数月，消毒耙平，使底质松软，利于文蛤下潜（图15）。

图15 池塘翻耕

(2)进水 进水之前应安装滤水网，避免敌害生物进入池内。3月中旬进水肥池。初次进水水深以20～30厘米为宜，以后随水色和水温的变化逐渐添加。

(3)培养基础生物饵料 一般采用施基肥和追肥的方式培肥水质。基肥以有机肥为宜，可采用经发酵的猪粪、鸡粪等，每亩用量以50千克为宜，施于池边水中，有机肥一般需7～10天后方能见效。无机肥以尿素和过磷酸钙混合施用为宜，前者每亩施用2.5～5.0千克，后者每亩施用0.25～0.50千克。无机肥见效较快，更适宜作为追肥。至投苗时，水深逐渐加至50厘米，透明度达20～30厘米。

3. 苗种放养

投苗时间应该尽量选择黎明或黄昏。投苗要均匀撒播，可采用条播或散播，切忌成堆。实际播苗面积只能占池塘总面积的15%～20%。投苗规格为3.0～3.5厘米的苗种，每亩投放量掌握在300~400千克。投放规格为2.0厘米左右的苗种，每亩投放量一般在200千克。

4. 养成管理

（1）**水质管理**　做好水质监测、调节工作，盐度保持在15~30之间，pH值控制在8.0~8.5之间，溶氧量达到4毫克/升以上，水色以保持较理想的黄绿色为主，透明度控制在20~40厘米。高温季节每日换水量大一些，平常换水视水色而定，水色异常时要全部换掉。

（2）**饵料管理**　主要以培养塘内基础生物饵料为主。早春采用鲜小鱼虾浆或豆浆全池泼洒以肥水及增加池塘有机碎屑量；夏秋季节的晴天，利用复合肥、有机肥肥水；晚秋、冬季采用豆浆全池泼洒投饵。

（3）**清除杂藻**　浒苔等杂藻繁生后，覆盖滩面影响文蛤生长。特别是春秋季节，池塘内极易生长浒苔，应通过调节水深、透明度来控制浒苔生长，必要时采用人工清除。

（4）**病害防治**　文蛤大批死亡往往发生在高温季节。文蛤排放精卵后，肥满度急剧下降，或由于连续阴雨天气，淡水过多，或因水质过瘦、水质污染及底质腐败等因素，均能引起文蛤的大批死亡。防治的关键是创造合适的环境条件，控制合理的放养密度，实施科学的管理方法，以利于文蛤潜居、摄食和移动，保证文蛤能迅速健康地生长。在繁殖季节，不要大排大灌，不能干塘，高温季节应加高水位。定期进行水体消毒杀菌，预防疾病发生。每隔1个月采用生石灰等消毒1次，每亩用量为10~15千克，或采用二氧化氯，每亩用量为0.125千克。

（江苏省海洋水产研究所　姚国兴）

扇贝筏式养殖技术

一、海区的选择

海区的选择是筏式养殖中首先要进行的一项工作。只有海区选定后才能按照筏式养殖的面积确定养殖器材的用量和规格，指定筏架设施方案。海区的选择需要考虑以下几个方面。

1. 底质

以平坦的泥底为最好，稀软泥底也可以；凹凸不平的岩礁海底不适合。底质较软，可打撅下筏，但过硬的沙底，可采用石砣、铁锚等固定筏架。

2. 盐度

扇贝喜欢栖息于盐度较高的海区。河口附近有大量淡水注入，盐度变化太大的海区是不适合养殖扇贝的。

3. 水深

一般选择水较深、大潮干潮时水深保持 7 ~ 8 米以上的海区，养殖的网笼以不触碰海底为原则。

4. 潮流

应选择潮流畅通而且风浪不大的海区。一般选用大潮满潮时流速在 0. 1 ~ 0. 5 米/秒的海区，设置浮筏的数量要根据流速大小来计划。流缓的海区，要多留航道；加大筏间距和区间距，以保证潮流畅通、饵料丰富。

5. 透明度

海水浑浊、透明度太低的水域不适合扇贝的养殖，应选择透明度终年保持在 3 ~ 4 米以上的海区。

6. 水温

一般夏季不超过30℃，冬季无长期冰冻。因种类不同，对水温具体要求不同。华贵栉孔扇贝和海湾扇贝系高温种类，低于10℃，生长受到抑制。虾夷扇贝系低温种类，夏季水温一般应不超过23℃。

7. 水质

养殖海区选择无工业污染和生活污染的海区。

8. 其他

水肥，饵料丰富，敌害较少。

二、养殖器材

浮筏由筏身、桩子、桩缆、浮子等部分组成。

1. 器材规格性能

筏身（大绠、浮绠）有两类，一类是工业制品，如聚乙烯绳、聚丙烯绳、塑料绳等。有效长度为30~60米，粗细在0.9~1.4厘米之间，可使用4~6年。另一类是农用物资，如稻草绳，竹篾绳、钢草绳等。有效长度为50~60米，粗细均在5~6厘米，使用年限约为1年。桩子（橛子）亦有两类，一类是木质，用杨、柳、槐、木麻黄等枝杆制成，可用2~3年；另一类为水泥桩，由圆铁（或钢筋）、水泥和沙石浇注成，可用6~7年。桩缆（橛缆、砣缆）多用聚乙（丙）烯绳、塑料绳等，粗细与筏身相同，或略细些。每根长度依水深而定，通常为当地水深的2倍。桩缆长则筏身稳定性强，桩缆太短，稍有风浪就容易产生“拔桩”现象，造成损失。浮子目前多用塑料球。塑料球直径为30~32厘米，每个浮子的负荷量（浮力）约为17千克。吊绳多用聚乙烯绳等，粗细为0.4~0.5厘米（140~180股单丝），长度为60~100厘米，可用2~3年。养殖苗绳原则上采用可供贻贝附着的固体即可，考虑制作和来源，多用棕绳、钢草绳、稻草绳、车胎等，草绳一般用1年，棕

色绳可用2~3年，车胎包括各种车辆废旧的外胎、橡皮管、三角带等，保存得好可使用5年左右，苗绳长度在1.5~2.0米之间。草绳多为4~5厘米粗；车胎单股宽度为5~6厘米。

2. 养殖器材加工制作

筏身用聚苯乙烯或塑料薄膜，在流急和藤壶多的海区用网袋包裹。有的把大埂全部缠裹，为了防止藤壶损坏筏身，有的间缠稀裹，防止苗绳打滑，把吊绳插到大梗的拧缝中，结以半别扣，筏身两端扎成扣鼻。木桩粗15~20厘米，长80~100厘米，应去树皮，削尖下端，顶上钻洞，腰部穿孔。腰部的孔是栓桩缆用的，应开在中心稍下方，洞眼偏高，固着力差，容易拔桩。洞眼边应修齐光滑，以免磨损桩缆。木桩长度为70厘米，形似箭头，上端长方形，15厘米×20厘米，中部带膀，膀越宽，阻力越大，越牢固。桩内用4根圆铁作筋，4根小铁棒作膀，端部有一铁圈露出桩外当桩鼻，拴桩缆应用旧绳索缠扎，以免桩鼻生锈，磨损桩缆。

桩缆丁般不必特殊加工。如采用“调节棍”作为桩缆下段，防止海底贝壳等拽断绳缆，最好用两节铁棍，中间带环连接，操作方便。铁棍粗为1.2厘米，长为3~4米，铁棍同桩缆连接处，也需用以绳缆包扎。为了防止断线跑浮，最好用猪蹄扣结圈。浮子与大绠有时采用带耳，通过浮顶上连接两侧大绠，这样即使扎绳被磨断，翻身浮起也不致丢脱，也容易被发现，便于及时加固。养殖扇贝浮筏的结构和设置与贻贝养殖大体相同，目前多使用单式筏子。

三、养殖方式

1. 笼养

它是利用聚乙烯网衣及粗铁丝圈或塑料盘制成的数层（一般为5~10层）圆柱网笼。网衣网目大小视扇贝个体大小而异，以不漏掉扇贝为原则。可采用8号的或者更粗的铁丝做原料制成直径为35厘米左右的圆圈或者用孔径约为1厘米的塑料盘做成隔片。层与层的间距为20～25厘米。笼外用网衣包裹便构成了一个圆柱形网笼，网笼一般每层放养栉孔扇贝苗30～35个。每亩可养400笼，悬挂水深为1～6米处。海湾扇贝和虾夷扇贝无足丝，海湾扇贝每层放养25～30个，虾夷扇贝每层放养15～20个。在生产中为了助苗生长，可在养成笼外罩孔径为0.5～1.0厘米的聚丙烯挤塑网。这种方法把暂养笼和养成笼结合起来，有利于提高扇贝生长速度。

笼养栉孔扇贝的生产步骤如下。

5—6月：常温人工育苗；6—8月：海上过渡；8—10月：贝苗暂养/壳高2厘米以上；10月至翌年4月：越冬/壳高3厘米；4—8月：春季生长期/壳高4～5厘米；8—9月：度夏倒笼；9—11月：贝苗再养育成/壳高2厘米左右；9—10月：高温生长期/壳高6厘米左右；10—12月：收获。

笼养扇贝生长较快，可以防大型敌害，但易磨损，栉孔扇贝也因无固定附着基，影响其取食、生长，个体相互碰撞。此外，笼外常常附着很多杂藻，需要经常洗刷，而且成本较高。

2. 串耳吊养

串耳吊养又称耳吊法养殖。该法是在壳高3厘米左右扇贝的前耳钻2毫米的洞，利用直径为0.7～0.8毫米的尼龙线或3×5单丝的聚乙烯线穿扇贝前耳，再系在主干绳上垂养。主干绳一般利用直径为2～3厘米的棕绳或直径为0.6～1.0厘米的聚乙烯绳。每小串可串几个至十余个小扇贝。串间距20厘米左右，每一主干绳可挂20～30串。每亩可垂挂500绳左右，也可将幼贝串成一列，缠绕在附着绳上，缠绕时幼贝的足丝孔要朝着附着绳的方向，以利于扇贝附着生活。也有每串1个，将尼龙线或聚乙烯线用钢针缝入附着绳中。附着绳长1.5～2.0米，每米吊养80～100个，筏架上绳距为0.5米左右，投挂水层2～3米。每亩挂养10万苗。串耳吊养一般在春季4—5月进行，水温7～10℃，水温过低或过高对幼贝均不利。目前多采用机械穿孔，幼贝的穿孔、缠绕均应放在水中进行，操作过程要尽量缩短干露时间。穿好后要及时下海挂养。串耳吊养的扇贝不能小于3厘米，小个体扇贝壳薄小，操作不易，

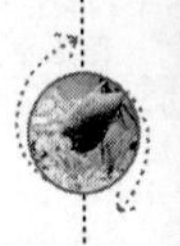

而且易被鲷、海鲫等敌害动物吃掉。串耳吊养生产成本低，抗风浪性能好。厢贝滤食较好，所以生长速度快，鲜贝能增重25%以上，干贝的产量能增加约30%。但是，这种方法扇贝脱落率较高，操作费本，杂藻及其他生物易大量附着，清除工作较难进行。此外，也有的利用旧车胎作为扇贝附着基，将一个个穿耳的扇贝像海带夹苗一样均匀夹在或缠在旧车胎上，然后吊挂在浮筏下养殖。

3. 筒养

它是根据扇贝的生活习性特点和栖息自然规律而试行的一种养殖方法。筒养器壁厚2～3毫米，直径27～30厘米，长85～90厘米。筒两端用网目1～2厘米的网衣套扎。筒顺流平挂于1～5米的水层中，每筒可放养幼贝数百个。筒养有许多优越性：扇贝在筒内全部呈附着生长状态，符合其生活习性，可以防止杂藻丛生；由于筒内光线较暗，藻类植物得不到生长繁殖的必要条件，扇贝不至于受杂藻附生而影响生长。因此，贝壳较新鲜干净，可减少洗刷和清除次数。扇贝在阴暗条件下，滤水快，摄食量大，生长快。此法尤其对小贝生长较为有利。筒养的缺点是成本高，所需浮力大。

4. 黏着养殖

有些其他养殖方法由于波浪引起的动摇而使扇贝不规则地滚动，常常会使贝与贝之间发生冲击和损坏；此外，绳索和养殖笼中附着的动物、植物消耗营养盐，吃掉扇贝生长不可缺少的浮游生物，往往造成扇贝营养不良。采用黏着剂将扇贝粘在养殖器上的养殖方法，可除掉上述不利因素。黏着养殖采用环氧树脂作为黏着剂，将2～3厘米的稚贝一个个粘在养殖设施上。此法养殖扇贝生长较快，并可避免在耳吊和网笼内的扇贝因风浪、摩擦造成的损伤。这种方法除了操作麻烦以外，有很好的普及和应用前景。该法在日本于1975年开始试验，其结果与过去圆笼养殖相比较，扇贝成活率从80.0%提高到88.9%，而且壳长的平均增长率（生长速度）和肥满度也大为增加。如果用这种方法养殖扇贝，可比笼养方式提前半年甚至1年的时间上市，而且死亡很少，几乎没有不正常的个体。但其缺点是黏着作业太费事，需要把小扇贝一个个取下来，再用黏着剂粘在养殖器上。

5. 网包养殖

它是用网目为2厘米、横向为30目、纵向为35行的网片四角对合而成。先缝合三面，吊绳自包心穿入，包顶与包底固定，顶、底相距15厘米，包间距7厘米，每吊10包，每包装20个扇贝，每串贝苗200个，挂于筏架上养成，挂养水层2~3米。

四、养成管理

1. 调节养殖水层

网笼和串耳等养殖方法的养殖水层应随着不同季节和海区而适当调整。春季可将网笼处于3米以下的水层，以防浮泥杂藻附着。夏季为防止贻贝苗的附着，水深可以降到5米以下。严忌网笼沉底，以免磨损和敌害侵袭。

2. 清除附着物

附着生物不仅大量附着在扇贝体上，还大量附着在养殖笼等养成器上。附着生物的附着会给扇贝的生长造成不利影响，附着生物与扇贝争食饵料，堵塞养殖笼的网目，妨碍贝壳开闭运动，导致水流不畅通，致使扇贝生长缓慢，因此，要勤洗刷网笼，勤清除贝壳上的附着物。在除掉固着在扇贝壳上的藤壶类时，应仔细小心，防止扇贝本身受到冲击，损伤贝壳和软体部。清除贝壳及网笼上的附着物时，需将养殖笼提离水面，应尽量减少作业次数和时间，避免在严冬和高温条件下进行这项工作。

3. 确保安全

养成期间，由于扇贝个体不断长大，需及时调整浮力，防止浮架下沉。要勤观察架子和吊绳是否安全，发现问题及时采取补救措施。防风是扇贝养殖中一项重要工作，狂风巨浪会给扇贝养殖

带来巨大损失。夏季、严冬，特别是大潮汛期间，遇上狂风，最易发“海”，应及时了解天气情况，采取防风措施，必要时可采取吊漂防风和坠石防风。前者是把一部分死浮子改为活浮子，后者是将沉石缚在筏身上，在枯潮时保持筏身不露出水面。

4. 换笼

随着扇贝生长和固着生物的增加，水流交换不好时，应及时做好更换网笼和筒养网目的工作。

5. 改进养殖技术提高产量

（1）扇贝与海藻套养 贝藻套养中海带或裙带菜采取筏间浅水层平挂，栉孔扇贝采取筏下垂挂。

扇贝与海参混养、栉孔扇贝与刺参混养也是一种增产手段。以网笼养殖栉孔扇贝为主，除了正常放养密度外，再在每层网笼放1～2头刺参，这样亩产干参15千克以上。刺参吃食杂藻，可以起清洁网笼的作用，扇贝的粪便甚至也是刺参的良好饵料。刺参与扇贝同时放入暂养笼和养成笼。不需增加养殖器材。

（2）扇贝与海藻轮养 这是根据海湾扇贝与海带生产季节的不同，利用同一海区的浮梗，一个时期养海湾扇贝，另一个时期养海带。海湾扇贝生长速度快，6月份的苗种至11月便可收获，而海带是每年11月份的苗种至次年6月收获。因此，同一海区，能利用90%面积实行轮养，约10%的面积作生产周期短暂重叠时用。轮养既可改善海区环境，又可充分利用海上浮筏设施，提高生产效益。

（山东省渔业技术推广站　景福涛，李鲁晶）

海带筏式养殖技术

海带（*Laminaria Laponica* Aresch），又名昆布、江白菜，属褐藻门、褐藻纲、海带目、海带科，是一种大型海洋经济藻类。它不仅富含碘、胶、醇等可用作化工原料的成分，而且还富含多种人体所必需的微量元素以及维生素、纤维素、海带多糖、岩藻多糖等抗衰老、增进人体健康的宝贵物质。海带为亚寒带冷水性藻类，自然分布在日本北海道、白令海、鄂霍次克海等高纬度的海域，多附生在海底岩礁上，是人工养殖产量最多的海藻。本文主要从海带育苗出库开始，对海带的筏式养殖技术进行介绍。

一、海带苗的出库、运输、暂养

海带夏苗在室内培育过程中，随着藻体的长大，人工环境条件逐渐不能满足其生长的需要，因此要及时将海带幼苗移到自然海区培育。把幼苗从室内移到海上培育的过程，在生产上称为出库。出库下海的幼苗在海上长到分苗标准的养殖过程，称为幼苗暂养阶段。

（一）出库

自然光低温培育的夏苗在北方经过90～100天（南方为130～140天）的室内培育，当自然海水温度下降到19℃以下时，即可出库暂养。北方约在10月中旬，南方约在11月中旬。在出库前，要逐步提高培育水温和光照强度，以接近自然海区的条件。实践证明，夏苗出库暂养一定要考虑以下3点：①最好在自然水温下降到19℃以下，并要稳定不再回升时出库；②在大潮汛期或在大风浪过后出库；③最好出库下海后4～5天为无大风的多阴天气。在条件适宜的情况下，要尽量早出库。早出库的苗长得快，可提前分苗，苗的利用率高，为增产增收打下良好基础。

出库幼苗的规格，北方一般以 1 ~ 2 厘米为宜（南方不足 1 厘米），但出库时一定要达到肉眼可见的大小，否则幼苗下海后由于浮泥的附着、杂藻的繁生，会影响幼苗正常生长和养殖生产。

（二）幼苗运输

幼苗的短途运输（一般不超过 12 小时）困难不大；长距离运输则要采取降低藻体的新陈代谢，尽量减少对氧气和储藏物质的消耗，避免升温，抑制微生物的繁殖等措施，以保证运苗成功。

幼苗的运输有湿运法和浸水法。

湿运法比较简单、省事，一般用汽车夜间装运，适宜短距离运输。装运时先用海水浸透过的海草将运输车车厢铺匀，四周缝隙塞紧严禁透风透光，然后一层海草一层育苗器（苗帘）相互间隔码放，最后浇足海水并用篷布封车。

浸水法是将育苗器置于盛有海水的运输箱内，再在箱内用冰袋降温，使海水温度保持在 5℃ 左右，适宜长距离运输。

（三）幼苗培育

（1）选择海区　要选择风浪小、水流畅通、浮泥杂藻少、水质比较肥沃的安全海区。最好选择远离牡蛎等贝类养殖区，以尽量减轻敌害生物的破坏。

（2）及时拆帘　幼苗下海后，随着幼苗个体的长大，会出现因密集相互遮光，影响幼苗的均匀生长和出苗率等问题，因此，下海后要尽快拆帘。

（3）调节水层　适时合理地调节水层对幼苗的生长至关重要。生产实践表明，如初挂的水层过浅，幼苗会受强光抑制，生长缓慢，易导致苗子“白烂”；如初挂水层过深，则幼苗光照不足，生长缓慢，易导致苗子“绿烂”。因此，目前多以透明度为依据，初挂时水层一般略深于透明度，随着幼苗的逐步适应，逐渐提升暂养水层。水层的调节次数和每次提升的深度，要视具体情况因地制宜，一般透明度大的海区每次可多提升一些。

（4）抓紧施肥　施肥是幼苗培育阶段十分重要的环节。幼苗期苗小需要肥量不大，但要求较高的氮肥浓度。通常是采用挂袋法，使海水中保持一定的氮量。挂袋时应注意尽量使挂袋接近幼苗，要少装、勤换，以利于充分发挥肥效。

（5）及时洗刷 幼苗下海后，要及时洗刷，清除浮泥和杂藻，促使幼苗生长。在幼苗管理中，要切实抓好前10天的洗刷工作（最好每1～2天洗刷1遍），幼苗越小，越要勤洗。幼苗长到3～4厘米时，可以适当减少洗刷，长到5厘米以上后可酌情停止洗刷。

（6）清除敌害 幼苗下海后有很多敌害，如麦秆虫、钩虾等敌害生物的破坏尤为严重，特别是刚下海的幼苗，个体小，受到的危害更大。一般用1∶300的$NaNO_3$溶液清除育苗绳上的敌害。

二、养殖海区的选择

实践证明，海带养殖生产的好坏，与海区的选择有着十分密切的关系。一般根据以下几个方面的条件考虑选择海区。

1. 底质

以平坦的沙泥底或泥沙底为好，较硬沙底次之。这类底质的海区适合打橛设置筏架。凹凸不平的岩礁海区可采用石砣设置筏架。

2. 水深

海带筏式养殖的海区，其水深应以10～15米为宜。最低也要保证养殖海区在冬季大干潮时能保持5米以上水深，满足以上条件方可进行筏式养殖。

3. 海流

理想的养殖海区是海流畅通、风浪较小，且为往复流的海区。养殖海带的海区，海水流速在25～45厘米/秒的范围内最为理想；另外，要重视对冷水团和上升流海区的利用。有冷水团控制的海区，最大特点是海水温度比较稳定，在冬季温度不会太低，春季又能控制水温缓慢回升。同时冷水团的营养盐含量较高，有利于海带的生长。上升流能不停地将海底的营养盐带到表层，同时有上升流的海区透明度也比较稳定，有利于海带的生长。海水的流

向与筏架设置的关系十分密切，如顺流筏，要求筏架的方向与流向一致；横流筏架要求与流向垂直。

4. 透明度

以水色澄清、透明度较大的海区为好。透明度的稳定是关键，一般要求在1~3米，年平均海水透明度以1.2~1.5米为宜。

5. 盐度

海带喜欢盐度较高的海区，其耐盐度变化的能力较弱。适宜海带生长的盐度范围为30.12~39.26，盐度低于19.61时，对海带生长有影响。

6. 营养盐

营养盐的含量对海带的生长发育有很大的影响，尤其是氮和磷。因此，在选择海区时，要调查清楚该海区自然肥的含量及其变化规律，为合理施肥提供依据。根据海带日生长速度对氮肥的需求量的计算，海水中硝酸氮和氨氮的总量，要维持在100毫克/米^{3}以上才能满足海带生长的正常需要；总量为200毫克/米^{3}以上的海区则为肥区，不需要施肥。

7. 水质

工业污水含有大量的有毒物质，不仅危害海带的生长，而且很多有毒物质在海带体内大量积累，使海带无法食用。所以已被工业污水污染的海区，不能养殖海带。

三、养殖海区类型的划分

根据不同的自然条件划分养殖海区，便于对其进行科学管理和养殖技术措施的实施。一般把海带养殖海区划分为三个类型。

（1）一类海区　在大汛潮期，最大流速为30~50厘米/秒，低潮时水深在20米以上，不受沿岸流影响，透明度比较稳定，在一个季节内变化幅度在1~3米，含总氮量一般保持在200毫克/米^{3}以上。底质为泥底或泥沙混合底质。

（2）二类海区　在大汛潮期，最大流速为 20～30 厘米/秒，低潮时水深在 15 米左右，一个季节内透明度变化幅度在 1～5 米，受沿岸流影响较大，含总氮量一般保持在 150 毫克/米^3 以上。

（3）三类海区　流速比较小，在大汛潮期最大流速在 10～15 厘米/秒，低潮时水深在 10 米以下，透明度变化在 0～5 米，含总氮量一般在 100 毫克/米^3 以下。

在掌握了海区自然环境条件的基础上，对不同类型的海区要因地制宜，采取相应的措施，充分发挥其自然优势，这样才能获得较高的经济效益。

（1）水深、流大、浪大的一类海区　首先要做好安全生产工作，在保证生产安全的基础上，以采用顺流设置筏架大平养的方法最好，这样有利于海带叶片均匀充分受光，发挥个体生长潜力。

（2）流小、浪小的二类海区　在外区适合设置顺流筏大平养；在内区适合横流设筏，以采用先垂养、后斜平养殖为好。若进行贝、藻间养，可提高经济效益。

（3）水流较缓、流速较小的三类海区　适合贝、藻间养，顺流或横流设筏均可。

四、养殖筏

养殖筏是一种设置在一定海区，并维持在一定水层的浮架，基本分为单式筏（也称大单架）和双式筏（也称双架）两类。

（一）养殖筏的主要器材及规格

浮绠和橛缆：一般采用聚乙烯、聚丙烯绳等，风浪大的海区，绠绳直径为 1.5～2.0 厘米，风浪小的海区一般为 1.0～1.5 厘米。

浮子：有玻璃浮子和塑料浮子，一般直径为 25～30 厘米。现在大部分用塑料浮子。

木橛和石砣：北方都用木橛，南方也有用竹橛的。凡风浪大、流大、底质松软的海区，橛身要长些、粗些，反之可细些、短些。一般木橛长 1 米、粗 15 厘米。石砣是在不能打橛的海区，采取下石砣的办法以固定筏子。石砣的大小要根据养殖区的风浪潮流而

定，一般为1吨左右。

（二）养殖筏的设置

1. 海区布局

筏架的设置首先要视海区的特点而定，必须把安全放在首位；其次是有利于海带的生长，还要考虑到管理操作方便、整齐美观。一般30～40台架子划为一个区，区与区之间呈“田”字形排列，区间要留出足够的航道。区间距离以30～40米为宜，平养的筏距以6～8米为宜。

2. 筏架设置的方向

在考虑筏架设置的方向时，要考虑风和流的因素，如风是主要破坏因素，则可以顺风下设；如流是主要破坏因素，则可顺流下设。当前推广的顺流筏养殖法，必须使筏向与流向平行，尽量做到顺流。采取“一条龙”养殖法时，筏向必须与流向垂直，要尽量做到横流。

3. 打橛或下砣

打橛是比较累的工作，现在各地已研制成功各式各样的打橛机械。一般软泥底应打入3米以上，硬泥底可适当浅一些。下石砣比较简单，只需要两条养殖用船，几根架石砣用的粗木杠及一条大缆即可。

4. 下筏

木橛打好或石砣下好后就可以下浮筏。下筏时先将数台或数十台筏子装于舢板上，将船开到养殖区内，顺着风流的方向，开始将第一台筏子推入海中，然后将筏子浮绠的一端与系在有浮漂的橛缆或砣缆上用“双板别扣”或“对扣”接在一起，另一端与另一根橛缆或砣缆用相同的绳扣连接起来。这样一行一行地将一个区下满后，再将松紧不齐的筏架整理好，使整行筏子的松紧一致，筏间距离一致。一般养殖1亩海带，按4台筏子（筏架长80米）或400根苗绳（苗绳长2米）计算。

五、海带分苗

将生长在附苗器上（苗帘绳）的幼苗剔除下来，再夹到夹苗绳上进行养成，这个过程称为分苗和夹苗。

夏苗是在自然海水温度下降到19℃以下时下海暂养的苗，这时自然水温仍继续下降，越来越适宜于海带的生长，此时应及时把海带的大苗剔下来进行夹苗，早分苗早夹苗能争取时间，促进海带生长。分苗的时间越早，藻体在优良的环境中度过最适宜温度的时间越长，海带生长就越好。北方一般是10月中旬出库，10月底到11月上旬就可开始分苗、夹苗了。

要提高海带分苗质量，需从以下几方面入手：一是采苗，要做到勤采、轻采、带水采，要做到不断根、不断苗、不带落水苗；二是要采大留小，幼苗体长要适当，一般早期苗体长以15厘米左右为宜，晚期苗以20厘米左右为宜；三是要做到当日分苗，当日夹苗，当日上筏，已经夹好的苗绳，要经常淋水，使幼苗保持湿润，并要及时下海挂养，尽量缩短干露时间，避免日光暴晒，以提高幼苗成活率；四是要防止脱苗，分苗时，要将苗的根部和茎部的2/3嵌入苗绳中心处，但要注意不能把生长部夹进苗绳内。

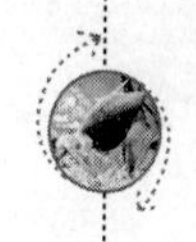

六、海带养成方式

目前我国海带筏式养殖方式主要有垂养、平养等形式。

垂养是立体利用水体的一种养成方式，就是在分苗后，将苗绳通过一根吊绳垂直挂在浮筏下面。在养殖过程中，必须通过调节吊绳长短和苗绳上下倒置的措施，调节海带光照强度。

平养是水平利用海域的养殖方法，是在分苗后将苗绳挂在两行平行浮筏相对称的两根吊绳上，使苗绳斜平地挂于水体中。目前顺流浮筏平养方法是我国海带养殖的主要方式。

此外，还有垂平混养法、“一条龙”养殖法等形式，但现在很少采用。

七、海带养成期的管理

（一）养殖密度

生产实践证明，如果养殖密度过大，藻体间相互遮光，阻流严重，不管是群体还是个体都得不到充足的光照，再加上其他条件不能满足，生长潜力得不到充分发挥，会明显影响养殖产量；如果养殖密度过小，虽然改善了光照和其他条件，海带个体生长潜力得到了发挥，但群体株数少，不能充分合理利用水体资源，同样也会影响养殖效果。海带的养殖密度主要由苗数、苗距、绳距、筏距以及海区条件等因素决定，根据目前生产技术水平，一般一类海区每绳（苗绳净长 2 米）夹苗 40 株左右，每亩放苗 1.6 万株左右；二类海区每绳夹苗 35 株左右，每亩放苗 1.4 万株左右；三类海区每绳夹苗 30 株左右，每亩放苗 1.2 万株左右。

（二）养成期水层的控制与调整

养殖水层的调整实际上就是调整海带的受光强度。实践证明，采用同样的管理方法，放养在不同水层的海带，其生长呈现出不同的效果。

1. 养成初期

根据海带幼小时期不喜强光的特性，分苗后，在一类海区，可采取深挂，一般与海水透明度相当，北方初挂水层为 80～120 厘米，南方一般海区，初挂水层为 60～80 厘米；在二类、三类海区，多采取密挂暂养，即在每行筏上临时增挂苗绳 1～2 倍，或在两行筏之间增设 1 台临时筏，待海带生长到一定大小再进行疏散。

2. 养成中期

一是调整水层，不论什么类型的海区，随着海带个体的生长增大，相互间的遮光、阻流等现象愈来愈严重，必须及时调整水层（一般小于海水透明度），北方一般控制在 50～80 厘米（南方一般控制在 40～60 厘米）。二是疏稀苗绳，养成初期密挂暂养的苗绳，到一定时间要进行疏稀。适宜疏稀的时间，比较统一的标准是海带长度达到 80～100 厘米左右，平直部也有一定的大小，即海带即将进入脆嫩期，这时要抓紧疏稀。三是倒置，对于采用垂养法的海带，应根据不同水层、海带的大小和色泽变化情况，及时进行倒置。水深流大采用顺流筏平养的方式可以不倒置，一平到底。

3. 养成后期

需要增大光照强度，以利于海带的促成，筏养水层要尽力提升，一般控制在 30～40 厘米。

4. 促熟间收

当海带进入养成后期，不仅要及时提升水层、增加光照，促使海带尽快成熟，同时要进行间收，即把较大的海带植株间收上来，这样既能改善受光条件，促进后成，同时也有利于安全生产。

目前，已推广应用“海带苗绳绑漂生产方法”的调光增产新技术即根据海带的不同生长阶段，在两根苗绳下端的衔接处，增加适宜的浮漂，将下垂部分的苗绳提升到合理的受光水层，增产效果明显。

（三）施肥

海带和农作物一样，在整个生长过程中需要一定的营养，在光照、水温等条件能满足海带生长需要时，如果营养条件不良，也不能充分地发挥海带的生长潜力。海带施肥主要是施氮肥，如果海区海水过瘦，含总氮量低于 100 毫克/米^3 时，则必须要施肥。施肥促长主要集中在幼苗期。主要施肥方法如下。

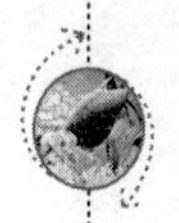

1. 挂袋施肥

将肥料装入塑料袋，在袋上刺几个小孔，然后挂在筏架上。要采取少装勤换、间隔轮挂的方法。

2. 泼洒施肥

在平潮时（即平流），用喷枪进行喷洒。必须注意两点：一是泼肥浓度要小；二是泼肥次数要多。

3. 浸肥

为了减少肥料的流失，根据海带能一次吸收大量肥料供数天用的特点，将海带浸泡于肥料水中。浸泡时一般配制500∶1的肥料水，将海带浸泡3～5分钟，每隔5～6天进行一次。

（四）切尖

海带是一种间生长的海藻。在生长过程中，新的细胞从生长部不断分裂出来，老的细胞从叶梢部衰退脱落。经研究，一棵体长4米的海带，在生长过程中因衰老脱落的组织可达1米左右。由此可见，海带因衰老脱落的叶片是相当可观的，不把这些已经开始腐烂或即将腐烂脱落的部分及早切割下来是白白浪费，所以切尖也是海带的一项增产措施。经过切尖的海带，既可以改善海带受光条件，又有利于安全生产。北方海区，一般切尖的时间在5月下旬至6月上旬较为适宜。切尖的部位以不超过海带叶片的1/3为宜。

（五）其他管理措施

其他管理包括整齐筏子、添加浮力、更换吊绳、冲洗浮泥、观察测量等。在分苗、夹苗工作结束后，要集中力量搞好海带的查苗、补苗和筏架的整理工作，将过松过紧的筏子调整到适当松紧程度，将参差不齐的要调整整齐，养殖过程中可能发生拔橛、断绠、缠绕等，要及时整理好。要根据海带生长情况，筏子负荷的增加，适当调整浮力，及时去掉坠石。要检查吊绳的磨损情况及时更换。要及时冲洗海带上的浮泥，以防影响生长或病烂的发生。要定时测量海水温度、透明度及海带生长情况。

八、病害防治

海带养成期间的病害主要有绿烂病、白烂病和点状白烂病等。

（一）绿烂病

通常从藻体梢部的边缘变绿、变软，或出现一些斑点，而后腐烂，并由叶缘向中带部，由尖端向基部逐渐蔓延扩大，严重时整棵海带烂掉。绿烂病一般发生在4—5月份，天气长期阴雨多雾、光照差，或海水混浊、透明度小时容易发生。防治措施是提升水层或倒置、切尖或间收、疏稀苗绳、洗刷浮泥等。

（二）白烂病

通常发生在叶片尖端，藻体由褐色变为黄色、淡黄色，以至白色。然后由尖端向基部延伸，由叶缘向中带部逐渐蔓延扩大。同时，白色腐烂部分大量脱落，严重凹凸部分藻体全部烂掉。一般发生在5—6 月份，在天气长期干旱、海水透明度大、营养长期不足的情况下容易发生。防治措施是加强技术措施，提高海带的抗病能力；合理布局养殖区；合理调整光照强度、适时施肥、切尖和洗刷等。

（三）点状白烂病

一般先从叶片中部叶缘或同时于梢部叶缘出现一些不规则的小白点，随着白点的逐渐增加和扩大，使该叶片变白、腐烂或形成一些不规则的孔洞，并向叶片生长部、梢部或中带部发展，严重时整个叶片烂掉。该病多发生在 5 月份前后，在透明度突然增大、天晴、光强、风和日暖的情况下容易发生。防治措施是畅通流水，控制水层，加强幼苗管理。

（山东省渔业技术推广站　景福涛）

海参健康养殖技术

目前我国海参养殖主要有四种方式，即：底播增殖、池塘、围堰养殖和大棚养殖。

底播增殖是将海参苗直接撒播到海底，任其自然生长，养殖期间不投喂任何饲料和药物，养成后通过潜水员下水采捕收获。

池塘围堰养殖主要是利用人工设施和海水涨落潮进行海水水体交换，可以投喂饲料，海参生长较快。

大棚养殖主要是利用深井水作为养殖用水，投喂饲料。由于深井水温接近海参生长的适宜水温，所以生长速度最快。

一、底播增殖

底播增殖一般选择风浪、水流较小，天然生物饵料较丰富的海区。在底播之前，应对该海区进行水质、水深及水流检测。选择底播的水深不宜过深，一般要求水深在 15 米之内，这样的浅水区，既能提供较多的生物饵料，同时又能够便于采捕操作。要求底播海域水流应平缓，这样利于海参在一个较稳定的环境中生长（图 16）。

如果海底礁石少，就要进行人工投礁，一般投入石块或钢筋混凝土构件，投石量为 50 ~ 100 吨/亩。所投石块不宜太小，以防止石块受水流冲击移动或被淤泥淹没。

底播海参苗种应选择适宜的规格。投放海参的规格大小，决定了养殖的效益。所以在投放海参苗种之前，应做好海参养殖生产效益分析。

目前我国有多家企业进行底播增殖，如好当家集团、山东东方海洋集团有限公司等。底播增殖的海参，不投入任何饲料和药物，所以品质较其他养殖海参都更好；同时，由于投放了人工鱼礁，该海域亦成为其他海洋动物、植物生长栖息和繁殖地，增加了该海区的海洋生物种类，更好地保护了海洋资源，更有利于调节海洋生态环境。

图16 海参的底播增殖

二、池塘围堰养殖

1. 池塘构造

围堰养殖一般因地制宜，在潮间带进行围堵，交换水体方便（图17）。池塘养殖目前大多数采用以往虾池，大部分虾池为东西走向的长方形池塘。采用东西走向的长方形池塘作为养殖海参池塘，有如下几点好处：第一，能够较好地交换水体。长方形池塘的进、排口设在两端，在进行水体交换时形成水流。这样，整个池塘中的水体能够较好地流动交换。第二，有利于海参的生长栖息。在春季和秋季生长期间，大部分海参喜欢聚集在北半部摄食，状态较好的海参形成齐头并进的排列。因此，东西走向的池塘更能为海参提供较好的生长空间。第三，减缓北风对池塘的影响，稳定池塘水体环境。在北方，冬季大多数刮北风，将池塘设计成东西走向，能够利用北坝的高度抵挡部分北风，减缓北风对池塘水体及南岸坝体的影响。

建造池塘可以在北半部设置较缓的坡度，这样可以增加适宜海参生长的栖息地，在海参生长期间便于投喂饲料。较缓和的坡度使得北半部水位相对较浅，底栖硅藻生长较好，为海参提供更多

的天然生物饵料。有的养殖户在投苗密度和池塘坡度比较大时，会在中间立网以挡住海参向北岸聚集。

由于风浪的冲刷影响，池壁容易坍塌，一般需要护坡。护坡材料一般采用石块或水泥板，也可采用比较廉价的毛毡，但容易破损。

图 17　围堰养殖海参

2. 池塘底质

养殖海参的池塘一般分为泥底、泥沙底和沙底三种。

（1）泥底池塘　池底为泥土，这种底质底栖硅藻生长较好，海参的天然饵料较丰富。但泥底池塘容易淤积污泥，使池底发臭，从而产生氨氮、硫化氢等有毒物质，导致池底缺氧。因此，泥底池塘应选择相适宜的附着基，且清理池塘应较其他底质池塘时间短，以免池底恶化影响海参生长。

（2）泥沙底质　是养殖海参较好的池塘，既有较多的底栖硅藻生长的空间，可为海参提供较多的天然饵料；也能利用沙砾的吸附作用，使得池底能够较好地保持稳定平衡。

（3）沙质底　是指底质均为沙砾，该底质池塘的池底不容易发黑变臭，池塘水质较泥底池塘清瘦，沙底池塘容易漏水。因此，在日常管理中应注意池塘水位的变化，经常巡池，以免海参露干化皮；同时，在沙质底池塘养殖海参时应定期投喂饲料，以保证海参生长所需要的营养物质。

3. 附着基

目前池塘养殖海参的附着基主要有石块、瓦砾、小旗、网笼等几种方式。

(1) 石块、瓦砾 作附着基较为普遍，大部分将其堆积成堆，当海参夏眠和冬眠的时候，便聚集在石堆缝中。这种附着基不会因时间长了而破损，可一劳永逸；但如果海参池底较差，规划和清理池塘就比较麻烦；同时由于海参喜欢在石缝中栖息，所以潜水员采捕的时候，也存在一定的困难。

(2) 小旗式附着基 是采用竹竿一端捆绑上遮阳网或者编织袋，另一端插入池底，形状类似旗帜。这种附着基有一定的高度，所以在池底发生变化的时候，海参能够沿竹竿上爬。但是，在海参夏眠后，爬上小旗的海参很难再往下爬到池底摄食，由于旗帜上的附着饵料较少，满足不了海参的生长需要，因此，很多海参生长速度缓慢，且部分较小规格的海参因不能摄食到足够的营养而发黑变硬，变成俗话说的“老头参”。

(3) 网笼式附着基 是参考扇贝笼做的，所不同的是，扇贝笼是闭合的，而作为海参的附着基是留有一段开口的，这样便于海参爬进爬出，而且增加了附着面积（图18）。这种网笼式的附着基，采用扇贝笼的材料或者遮阳网作为编织材料。网笼式的附着基，容易吸附硅藻和其他藻类，为海参提供较多的天然生物饵料。

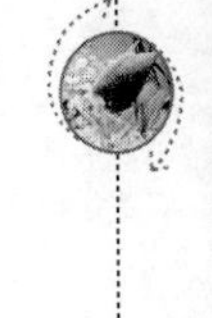

图18　网笼式附着基

同时，在清理池塘时比较省力，尤其对于清理周期较短的泥底海参池，更能突出省时省力的优点。但网笼附着基的池底容易淤积泥沙，海参夏眠的时候容易缺氧。因此，应特别注意池底，要经常泼洒光合细菌及处理池底的药品。

4. 苗种放养及选择

选择放养的苗种应是身体无损伤，皮肤无溃烂，体型舒展，肉刺挺拔，活力强的个体。

苗种放养前要经过3~5天的暂养，分级筛选，剔除伤残参苗。人工培育苗种要经过中间培育，待刺参体长达5厘米以上，再放入养参池内。放苗的密度由苗种个体大小、附着基的数量、换水的频率、饵料供应情况等因素决定。2~5厘米小规格的苗种，在40头/米^{2}以下；5~10厘米中等规格苗种，在30~40头/米^{2}以下；10~15厘米的较大规格的苗种，在10~30头/米^{2}以下为好；20厘米以上苗种，密度应控制在10~20头/米^2。

投放苗种一般在春季和秋季，这时池塘水温比较适合海参生长。在苗种放养之前，应先测量育苗车间和池塘水体的水温，两者温差应在1℃以内才能投放苗种。

5. 日常管理及养殖过程中应注意的事项

海参觅食活动状况是观察的重要内容。正常的海参肉刺挺拔，体形舒展，附着力强，在池底和附着基上缓慢爬行觅食，排便量大是海参摄食旺盛、生长良好的一个重要标志（图19）。

水温检测必须每天进行，在换水前应先测量水温，依据测量的水温进行换水，避免温差过大引起海参应激反应。此外，在降雨季节，应注意测量水体的盐度，适量排放水体上层淡水。

换水是改善池塘水质的主要方法，同时也能改善底质。通过换水可以使浅海中的营养物质进入池塘，减少了饵料的投入使用。

在养殖海参的过程中，每个季节都应该注意细心管理。

春节是万物复苏的季节，海参也从漫漫的冬眠逐渐苏醒过来开始觅食生长。由于部分池塘中上一年的残饵及粪便没有清除干净，

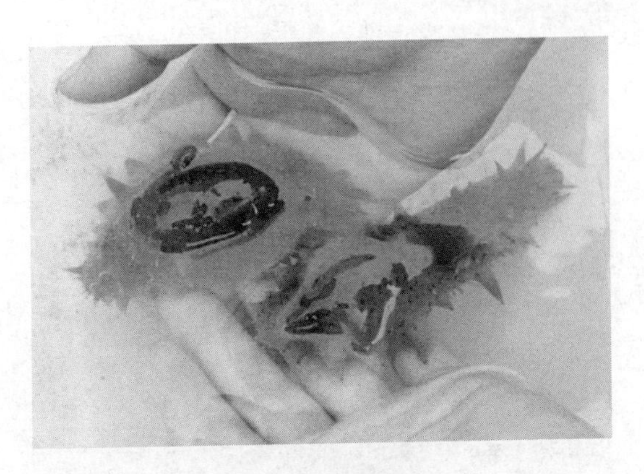

图 19　健康的海参

海参的摄食又没有选择性，所以极容易导致肿嘴。在此期间，较大的海参肿嘴最轻，或者不肿嘴；每 500 克 20～50 头的海参较容易发生化皮；个体更小的海参，肿嘴比较严重，如果水质和摄食状况得不到改善，很容易引起大面积的化皮死亡。因此，必须采取有效措施。

首先，在入春前应先对池底进行 1～2 次改良，使用一些氧化型的改良药品。

其次，应对池塘进行消毒。

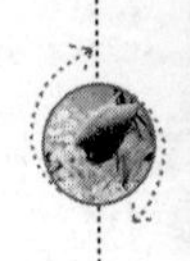

再者，由于春季天气变暖，冬季积存的冰雪融化流入海域，会引起海水盐度发生变化，换水前应注意测量盐度。

最后，通过向池塘施入有益细菌来改善水体的微生态环境。

夏季海水水温高，海参停止摄食，处于夏眠状态。海参会经常因高温或者缺氧导致化皮而死亡；另外，由于夏季有害细菌繁殖过快，海参容易感染细菌性疾病。应采取措施是：在高温期间，要加大换水频率，尽量改善参池水质；遇到阴雨连绵，要注意排放上层浮水，以免盐度过低引起海参应激反应。同时，应注意增氧，避免海参因缺氧死亡；适量添加有益细菌，如光合细菌、芽孢杆菌、放线菌及乳酸菌等，以调节水体微生态平衡，减少海参细菌性感染（图 20）。

图 20　技术人员检测海参池塘水质

秋季是海参生长的最佳时期，海参夏眠后开始摄食，会有少量肿嘴，但问题不大，一般都能自己恢复正常。这时候，应特别注意海参饵料的添加，观察海参摄食情况，适量添加饵料，保证海参生长所需要的营养需要。

冬季随着海水水温的降低，海参开始了漫长的冬眠。越冬期间应注意预防寒冷天气导致参池结冰的发生，这时候应尽量加大换水量，组织人员破冰增氧，有条件的可以安装增氧设备，定时增氧。

6. 养殖方法

随着海参养殖业的发展，为降低养殖生产成本，提高养殖效益，技术人员探索了多种养殖方法。

海参在冬季由于水温过低而冬眠，如果提高参池水温，海参会继续生长。采用养殖大菱鲆的废水来提高参池水温，在冬季保持水温在 9～12℃，海参生长良好。

如果 11 月份投放苗种个体大小为 400～600 头/千克，那么到翌年的 4 月份，有望长到 60～100 头/千克。既利用了养鱼废水，同时又可提高海参的产量，效益相当可观。利用大菱鲆养殖的废水养殖海参，应注意以下几个问题。

首先，养殖大菱鲆经常消毒鱼池，所用药品会对海参有刺激作用。因此，对于清理鱼池的废水，是绝对不能流入参池中去的。

其次，应保持水温的恒定。流进参池的废水应定量，参池的水温应较稳定，避免温差过大造成海参的应激反应。

再次，由于参池的水温保持在9～12℃，比较适宜底栖硅藻的生长；同时，鱼的残饵和粪便流入参池中，会造成池底饵料过剩，如果不及时处理很容易导致池底发黑变臭，影响海参生长。因此，应定期处理池底，保证海参良好的生长环境。

近几年来，海参养殖业的发展，带动了海参育苗技术的提高，苗种培育较以前提早，导致海参苗种紧缺。由于自然海区海参的成熟期在4月底、5月初，要组织人员捕捞，因此，海参苗种的供应已经远远不能满足养殖生产发展的需要。利用养殖大菱鲆的废水或直接利用地下井水提高水温，可以增加积温，达到催熟海参的目的。实践证明，此种方法的效果很好。但在管理过程中，对水温的要求比较严格，后期还有升温过程，处理不好的话会导致海参受刺激而提前排卵。

利用地下井水，不但在冬季有提升水温的作用，同时在夏季可以起到降低参池水温的作用。尤其是利用大菱鲆废水养殖海参，达到了循环利用的目的，降低了养殖生产成本，提高了养殖效益。

三、大棚养殖

大棚养殖海参是近几年发展起来新的养殖方式，该模式利用地下井水的稳定温度，保持海参较适宜的环境，生长速度较其他的养殖方式要快（图21和图22）。

1. 放养规格及密度

大棚养殖海参应选择合适的规格大小，因为所利用的地下井水水温为15℃，所以养殖海参一般选择规格较大的，大都选择40～100头/千克的。由于地下井水与自然海水所含离子不同，海参生长会逐渐减缓，因此，在生产过程中应提前计划安排，合理选择养殖海参规格大小，提高养殖效益。养殖海参的密度，应视具体

图 21　大棚养殖海参

图 22　养殖海参大棚内部构造

情况酌情而定，一般密度为 4～8 千克/米^3。

2. 投饲

在养殖过程中应适量投喂饲料，所投喂的饲料，一般占海参体质量的 2%～5%。在养殖前期应以藻类为主，在养殖后期应适当增加动物性蛋白的比例，以满足海参生长需要的蛋白质。海参晚上摄食比较多，投喂饲料一般为一天 2 次，早、晚各 1 次，投喂比例为 30% 和 70%。

3. 换水

通过换水改善参池的水质。通常采用流水和静水养殖两种方式。流水养殖方式与养殖大菱鲆方式相似，流水量为每天 1～2 个流程；静水养殖一般每天的换水量为 1 个流程。养殖过程中的换水量并不是固定不变的，应视情况而定。

4. 倒池

倒池是为了清理参池粪便，改善海参的生长环境条件。一般5～7天倒池1次，然后用高锰酸钾对整个参池消毒处理。如果养殖密度较大，可以相应减少倒池的间隔时间。倒池是为了给海参提供更好的生长环境，但在倒池过程中海参容易损伤，所以倒池频率太快并不一定是好事。

（山东省渔业技术推广站　李鲁晶，景福涛）

池塘鱼鳖混养技术

鱼鳖混养是为了充分利用水体空间及水体各种生物饵料资源，发挥鱼和鳖的互利作用，提高水体利用率和水体渔产力的一种混养方式。鱼鳖混养的鱼类以鲢鱼、鳙鱼和其他浮游生物食性的鱼类为主，适当搭配草食性和杂食性鱼类。投饲的重点对象是鳖，其次是鱼。鱼鳖混养的生物学原理在于：鳖的残饵和粪便内氮、磷、钾等含量较高，起了培肥水质的作用，为浮游生物食性和杂食性鱼类的快速生长提供了生物饵料条件；同时大量的鱼类粪便、水草沤肥及随之繁殖起来的细菌、浮游生物、底栖生物又给鳖的饵料螺、蚌的生长创造了良好的条件，使之迅速繁殖。这样就形成了鱼、鳖食物链相互促进的新的生态平衡，而且在鱼、鳖混养的过程中，由鱼、鳖的残饵、粪便所繁殖起来的浮游生物中的相当部分被鱼类所利用，这样不仅可以防止池水水质过肥，并且很好地稳定了水质的肥度，水质稳定又为鱼、鳖的正常生活提供了一个必要的生态环境条件。这是鱼、鳖混养能获双高产的重要原因。鱼、鳖混养，鳖不会伤害健康的鱼，只能吃掉因病行动迟缓的病鱼或死鱼，可以起到防止病原体传播和减少鱼病发生的作用。浙江省鱼鳖混养有两种模式，即池塘鱼鳖直接混养和成鱼塘套放网箱养鳖。现将此两种放养模式介绍如下。

一、鱼鳖混养技术要点

1. 池塘的选择和改造

池塘应选择在环境安静、避风向阳的地方，面积在 5 ~ 10 亩之间，水深 1.5 ~ 2.0 米，池底淤泥较少，水源充足，水质较好，池水排灌方便。池塘的四周设置防逃墙。防逃墙用砖砌高 50 厘米，墙内用水泥抹光，墙顶可设“T”形防逃檐。一般池中放置3～4个马鞍形食台，长3.0米，宽2.5米，用于投喂鳖的饲料，鱼无法上食台摄食，还可兼作鳖的晒台。

2. 放养前期准备

冬季捕捞结束后进行清塘，一般为1—2月份，先抽干池水，曝晒2～3周，然后进水10厘米，每亩用生石灰150千克消毒，1周后进水80厘米。在每亩池底铺施已经发酵腐熟的有机堆肥400～500千克，然后注水40～50厘米，培养浮游生物，使水质变浓达到嫩绿色或红褐色，池水透明度30厘米左右。池塘进水后每亩投入300千克螺蛳，既可作为鳖的鲜活饵料，又能有效利用水体中的浮游生物，控制水体肥度，净化水质。

3. 科学放养

选择常见养殖鱼类品种与鳖混养，要求投放优质健康的鱼、鳖苗种。

（1）放养前准备 鱼鳖下池前，用200毫克/升高锰酸钾溶液浸泡10分钟左右，或用30克/升实验溶液浸泡5分钟左右。放养时把装有消毒鳖的桶轻轻沉入水中，让鳖自行爬入水中。

（2）鱼种放养 池塘清塘结束后，一般于2月底放养，可亩放老口青鱼种（规格为1.5千克/尾左右适宜），花鲢、白鲢鱼种（规格10～20尾/千克适宜，花鲢、白鲢比例为1∶3），黄颡鱼（规格20～30尾/千克）等。

（3）鳖种放养 选择品质优良、无伤病、无残缺、无畸形、行动敏捷、体质健壮、皮肤光滑、富有弹性、规格一致的鳖进行放养。一般选择在3—5月份进行放养，不宜在冬季和盛夏投放，以免影响成活率，放养需选择在晴天上午进行。

（4）放养密度 鱼、鳖混养模式的放养密度，应根据池塘的土质结构合理确定。如是纯泥土的池塘，一般以每1.2平方米放1只为好；如是沙、土各50%结构的池塘，以每平方米1只为宜；如是沙、土结合，沙的成分超过50%的池塘，可每平方米放

养1.5～2.0只。这是因为鳖在池底爬行时，如果是纯泥土底质的极易翻起底泥，密度过大，易破坏水质，诱发疾病；相反，沙土结合的池底，因底质易板结不易翻起沙土，即使翻起，沉淀也较快，故可多放养些。此外，在采用正常养鱼的同时，套养鳖种而鳖又不进行投喂的养殖模式时，如果是纯泥底质的，以每亩不超过100只为宜；如果是沙、土结合底质的，以每亩不超过200只为宜。

（5）放养规格 由于鱼、鳖混养是露天养殖，生长速度受气候条件的制约，所以在确定放养规格时，应根据放养规格和养殖周期来确定。如计划两年养成750克左右的规格上市，放养鳖种的规格以200～250克为宜；如计划当年养成500克以上规格上市，则应选300克左右的规格放养；有的地方采用鱼、蚌（珠）、鳖混养，因幼蚌需养3年才能采珠，故鳖也要跟着养3年，这种情况下，可选150克左右的鳖种放养。

4. 饲养管理

（1）"四定"投饵 鱼以投喂全价有品牌的配合饲料为主，投饲时必须注意定时、定位、定质、定量，一天2次，选择水温较高和溶解氧充足时投喂，以减少缺氧浮头情况发生，投喂时间一般为08：00—09：00、15：00—16：00，投饲量主要视季节、水温、鱼体大小、天气情况及鱼类活动状况灵活掌握。在适宜生长季节，一般日投饲量为鱼体质量的0.8%～3.0%，全年每亩投放全价配合颗粒饲料900～1 200千克。鳖以野杂鲜鱼和冻干鱼为主，投饲时间比鱼的投饲时间推迟1小时，为09：00—10：00、16：00—17：00，伴以螺蛳、贝类、克氏螯虾壳以及其他新鲜动物性饲料，动物性饲料不足时，投喂部分鳖全价配合颗粒饲料，每天保证池塘鳖总重10%的投料量。

（2）水质调节 池水要控制在微碱性，在微碱性条件下，水体中的致病菌不易生存；将池水pH值控制在7.5～8.0之间，会降低中华鳖的发病几率。水体透明度以25～35厘米为宜，水色呈黄绿色或茶褐色。根据水体状况，调整充气时间的长短，并注意固定充气时间，使鳖形成习惯而减少惊扰。定期排污和换水，保持水质优良，促进鳖健康生长。根据鳖生长发育钙质的需要量较多，还需投放适量生石灰。在鱼鳖生长的旺季，每隔30天施放一次生石灰，每亩30千克左右。既可满足鳖、螺的需要，又能改善水质。

(3) 病害防治 实行鱼鳖混养的池塘，要严格按照鱼病防治方法做好病害的防治工作。一般情况下，只要人为操作时避免挤压、撕咬和机械擦伤，放养时池塘和苗种严格消毒，一般不易生病。平时要做好预防工作，除调节水质时定期泼洒生石灰外，必须交叉泼洒高效低毒的消毒剂，一般每隔15天遍洒1~2毫克/升漂白粉或0.2~0.3毫克/升强氯精一次。平时每月还需投喂药饵1次，连续6天为一个疗程，常用药物有大蒜素、磺胺类、土霉素、板蓝根、大黄等。发现病鳖应及时捕起隔离治疗。用药要严格按照《无公害食品　渔用药物使用准则》(NY 5071—2002)，掌握用药期。

5. 日常管理

塘边必须搭建看守棚，有专人负责管理，每天坚持早晚巡塘，注意水质变化、鱼鳖摄食和活动情况，做好防逃、防盗、防病等工作。一旦发现鱼鳖病情，及时治疗，对症下药，以减少损失。鱼鳖混养，池中密度较大，遇到气候反常，气温气压急剧变化时(特别是闷热天气)，水质肥浊，会使鳖感觉不适而降低活动量，鱼类缺氧“浮头”，甚至死亡。因此，遇到这种情况，要及时加注新水或开启增氧机，增加溶解氧，改善水质。

6. 成鱼、鳖的起捕

成鱼的起捕，根据市场行情，采取平时轮捕与年终干塘捕捞相结合的方法。成鳖的捕捞没有时间限制，只要市场需要，规格达到要求，价格合理即可随时起捕上市。平时捕捞可采用笼捕、钓捕等方法，冬季捕捞采用干塘捕捉，在将鱼捕捉完后放干池水，捕捞人员一字排开，用小圆钢制成的钝头多刺叉在底泥中密集找

鳖，2～3 次后可将绝大部分存塘鳖捕起。

7. 增产增效情况

浙江省嘉善六塔鳖养殖专业合作社：养殖面积 101 亩，共投放鱼种 25 597千克，共产商品鳖 21 205 千克，商品鱼 77 285 千克，产值共计 330 万余元，平均每亩产值 32 677 元，其中商品鳖亩产值 25 194 元，占亩产值的 77.1%，商品鱼亩产值 7 483 元，占亩产值的 22.9%，实现亩纯收入超万元，达到 15 000 元。

二、鱼塘套放网箱养鳖技术要点

鱼塘套放网箱养鳖模式是在原有常规养鱼的基础上，在池塘套放网箱养鳖的一种模式。不会影响常规养鱼的产量，既增加了甲鱼产量，又大大提高了养殖效益。

1. 池塘选择和改造

池塘应选择在周围水源充沛，无污染，生产环境良好，面积 5～10 亩，水深 2 米，池形呈长方形，东西长，长宽比 2∶1，塘内设置网箱 5～10 口，网箱数量一般一亩池塘配套网箱一口。

2. 放养前准备

隔冬提前销空鱼货，及时抽干池水，用生石灰每亩 100 千克清塘消毒，并曝晒 2 周，同时将箱架搭设好，框架用 8 柱 4 栏 16 株 20.32 厘米（8 英寸）毛竹固定，网箱规格两种：一种是 10 米 ×8 米 ×4 米；另一种是 6 米 ×6 米 ×4 米。网目 1 厘米，由聚乙烯网片装配而成，箱体敞开式，箱面内沿 50 厘米聚乙烯网布平行压口，每口箱四角底部由活动圈，沉子组成套于角桩沉入池底，上纲角绳，缚于水面上桩。网箱设置在避风向阳处水深 2 米区域，呈“品”字形排列。鳖种放养前，网箱提早 2～3 周浸泡于养殖水体中，使网箱充分附着藻类，保护鳖种，以免其进箱底后擦伤，并移植水花生，以提供入箱甲鱼栖息、晒背，创造甲鱼生活、生长有利环境与条件。

3. 鳖种选择与放养

选择规格整齐、无病无伤、活动敏捷的优质健康鳖种放养，平均规格300克，每口网箱投放鳖种70只，并做到同一网箱鳖种一次性放足。鳖种放养前，应经“消毒王”药浴10～20分钟，然后轻放入箱并适当套放鲢、鳙鱼种20～25尾。

4. 饲料投喂

根据鳖鱼在不同生长阶段、季节对不同营养、不同食量的需要，及时合理调节和把握好投喂饲料的数量和质量，并坚持严格遵循科学的“四看”、“四定”投饲原则，做到既能满足鱼鳖吃饱、吃好，又没造成浪费。整个饲养过程，全部采用全价颗粒饲料喂养，鳖全部投喂冰鲜鱼和部分自集新鲜病死鱼（注意要经消毒处理）。

5. 水质调节

根据季节、天气、水质变化等实际情况及时调节好水位、水质，定期使用生物制剂调节和改善池塘水质，保持水质长期稳定良好。高温季节晴天午时，定时开机增氧，调节水体溶解氧，促使溶解氧上下分布均匀，避免夜间鳖鱼因缺氧浮头，促进鳖鱼正常吃食与生长。

6. 病害防治

坚持以防为主、防治结合，重点突出综合预防。网箱甲鱼通过鳖种消毒放养，养殖期间定期采用苯扎溴胺消毒水体和三黄粉、“鳖病康”等中草药开展药饵预防，有效地控制了疾病发生。

7. 日常管理

每天早、中、晚巡塘、查箱、观察水质变化和鳖鱼的摄食活动与生长情况，并仔细检查网箱设施，有无破损或漏洞发生，一旦发现及时处置，防止甲鱼外逃，台风季节认真做好网箱加固工作，确保养殖安全。

8. 主要特点

(1) 产出效益较好 网箱养殖甲鱼，具有生长快，规格整齐，病害少，品质好，增重显著，实践证明：放养300克/尾鳖种，当年个体平均规格达到800克，增重1.5倍以上，最大个体高达1 000克；放养150克/尾，也可达到500克，增重高达2.3倍。经济效益提高95%。养殖密度还可适当增加，产量应当还有提升的空间。

(2) 省工、省力、省成本 池塘套放网箱养鳖，投资小，见效快。1亩池塘套放1口网箱，只需投资成本800元，一般可连续使用5年以上，网箱使用时间则更长，每年折旧仅需150元左右，而池埂硬化每亩至少3 000元以上。且省工、省力，上市灵活，管理捕捞方便，有效规避了普通甲鱼池塘建造防逃设施投资大、甲鱼回捕率低、捕捉难度大等难题。

(3) 池塘套放网箱养鳖，饲料来源方便 网箱养鳖的饲料大部分可利用收集的新鲜病死鱼，有效改善池塘的卫生条件，减少病菌传播，降低病害发生，养殖成本低，相应增加了养殖效益。

9. 增产增效情况

浙江省嘉兴市秀洲区2口试验塘15.3亩，共放养鱼种2 725千克、鳖种311千克（922只），总收入193 524元，其中：白鲢15 158元，花鲢9 146元，青鱼41 600元，草鱼63 070元，黄颡鱼3 000元，鲫鱼7 650元，网箱养殖甲鱼53 900元；成本共投入146 675元，其中：网箱材料费9 620元，苗种费54 588元，饲养成本82 467元；合计总利润46 849元，亩利润3 062元，投入产出比为1∶1.32。

10. 注意事项

如鱼、鳖混养采用跨年度养殖，就应做好安全越冬管理工作。一些地方平时养得很好，但因不注意越冬管理，鱼、鳖越冬期死亡严重，造成很大的经济损失。安全越冬的关键措施：一是当年秋季适当捕出一些规格较大的鱼类，以减少池塘的越冬密度；二是应每 15 ~ 20 天换 1 次新水，换水量为原池水的 1/4 ~ 1/2；三是当透明度越过 35 厘米时，应适当用尿素肥水，使水色呈淡绿色。

（浙江省水产技术推广总站　周建勇；
嘉兴市秀洲区水产技术推广站　朱嘉燕；
嘉善县水产技术推广站　陆立刚）

池塘虾鳖混养技术

南美白对虾是近年来我省养殖户获益最多的水产养殖品种之一，尤其是其淡化养殖技术逐渐成熟后，养殖规模迅速扩大。随着规模化养殖的发展，近年来病害也越来越多，养殖受到严重威胁，迫切需要新的养殖方式，以确保南美白对虾产业的稳定发展。南美白对虾与中华鳖生态混养技术，正是在这种情况下进行探索的一种新型生态养殖模式，该技术的核心是充分利用了两者在生物学特性上的互补空间，达到合理配置，从而抑制虾病，降低养殖风险，稳定南美白对虾产量，同时促进中华鳖生长，提高经济效益，提升养殖动物品质。

一、增产增效情况

通过推广应用该技术，一方面降低了南美白对虾养殖风险，稳定了南美白对虾养殖产量；另一方面提高了中华鳖成活率，达85%以上；经济效益显著，亩产值约达2万元，亩净利润可达0.5万~1.0万元；南美白对虾和中华鳖品质获得显著提高。

二、技术要点

1. 池塘条件

选择环境安静，水源充足，水质清新，避风向阳，无污染的池塘。池塘底质较硬，无渗透，淤泥深10~20厘米，通电通路。每口池塘面积以10~15亩为宜，水深1.5 ~2.0米，坡比1:(2.5~3.0)。

具备独立完善的进水、排水系统，注、排水方便。取水口周围用网围栏，进水口必须用60目以上网布套袋过滤。排水口基部夯实，用密眼网封好。进、排水口位于池塘两边呈斜对角，装置防逃网片。

池塘四周用石棉瓦、塑料板、钙塑板或砖石、水泥板等材料围建45 厘米左右的防逃围护设施，转角和接口处平整无缝隙。

用石棉瓦（65 厘米 × 180 厘米）搭建食台，食台铺设于四周塘埂边，使其一半淹于水下，一半露出水面。每只池塘根据面积大小搭建 3 ~ 5 只饲料台。再在池中搭建 2 个拱形的毛竹架作晒背台。

2. 清塘消毒

池塘清淤修整完毕后，配合天气将池塘进行曝晒。在放苗前 20 ~ 30 天，进行药物消毒，以清除池塘内的敌害生物、致病生物及携带病原的中间宿主。常规清塘消毒药物及用量见表 21。

表 21　常用清塘消毒药物及使用方法

渔药名称	用法与用量	休药期/天	注意事项
生石灰	200 ~ 250 千克/亩	≥7	不能与漂白粉、有机氯、重金属盐、有机络合物混用
漂白粉	海水，40 ~ 50 毫克/升	≥5	①勿用金属物品盛装；②勿与酸、铵盐、生石灰混用
	淡水，15 ~ 20 毫克/升		
茶籽饼	水深 1 米，60 ~ 90 毫克/升	≥7	粉碎后用水浸泡一昼夜，稀释连渣全池泼洒

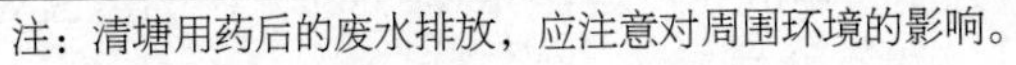
注：清塘用药后的废水排放，应注意对周围环境的影响。

3. 培育基础生物饵料

放苗前 1 个星期，用 80 目尼龙筛绢网过滤进水 60 ~ 80 厘米，施肥培肥水质，使水体透明度在 25 ~ 30 厘米之间，水色呈茶褐色或黄绿色。

施肥方法：一般使用尿素、过磷酸钙等化肥或复合肥和发酵鸡粪等有机肥。新塘施有机肥并结合使用无机肥，老塘可施无机肥。有机肥应经过堆放发酵后使用，用量为 100 ~ 200 毫克/升，氮磷无机肥比例（5 ~ 10）∶1，首次氮肥用量为 2 ~ 4 毫克/升，以后 2 ~ 3

天再施1次，用量减半，并逐渐添加水。

施肥原则：平衡施肥，提倡施用有机肥；控制施肥总量，水中硝酸盐含量控制在40毫克/升以下，透明度30～40厘米；有机肥须经熟化、无害化处理；未经国家或省级农业部门登记的化学或生物肥料禁用。

4. 苗种放养

（1）苗种选择 选择游泳活动强，体壮无病，附肢无缺损，规格大小均匀，不携带病原的健康苗种下塘。

南美白对虾：选择天然海域或子一代为亲本繁殖幼虾，将幼虾培育成仔虾，长至0.5～0.8厘米。开始淡化，盐度从15～20淡化至0～1，淡化时间为7天以上，体长达1.2～1.5厘米，即可出苗下塘。

中华鳖：选择自繁并确认性状优良的中华鳖幼鳖，或从国家级或省级中华鳖良种场选购，规格以200～300克/只为宜。

（2）放养环境条件 放苗时，池塘水深以60～80厘米为宜，水温上升至20℃以上，最低水温18℃以上，即可放养（育苗池与池塘水温差不超过2℃）。虾苗培育池、中间培育池和养成池的池水盐度，应保持一致。

（3）放养密度 根据养殖方式不同，南美白对虾与中华鳖苗种，需按不同密度配置放养。具体如下：

①以养殖中华鳖为主，亩放养中华鳖400～800只，南美白对虾3万～5万尾。

②中华鳖与南美白对虾养殖并重，亩放养中华鳖100～300只，南美白对虾5万～7万尾。

③以养殖南美白对虾为主，亩放养中华鳖50～80只左右，南美白对虾7万～10万尾。

（4）放养时间及方法 南美白对虾虾苗放养：4月下旬至5月初开始放养南美白对虾苗，最迟不迟于8月上旬，规格1.2～1.5厘米。选择日照充足的日子，早晨或傍晚，在池塘的上风口放苗，同一池塘虾苗要均匀，一次性放足。虾苗入塘时要均匀分布，并使其自然游散，不可压积。避免在大风、暴雨天时放苗。

中华鳖放养：虾苗放养后1个月，仔虾长至5~6厘米，约于5月中下旬或6月上中旬，当水温稳定在25℃时，选择天气连晴3天以上放养幼鳖。放养的幼鳖要求在温室中提前1个月开始降温，池塘水质驯化，放养前1个星期降到自然水温，并采用池塘水体驯养。放养时采用高锰酸钾浸浴消毒，直接放在食台上，让其自然爬入池中。

5. 饲养管理

（1）科学投喂饲料　饲料质量：以品牌饲料为好，选择饲料时应要求厂方出具质量安全证明书。配合饲料安全卫生，应符合《饲料卫生标准》（GB 13078—2001）和《无公害食品　渔用配合饲料安全限量》（NY/T 5072—2002）的规定，粗蛋白含量以30%~40%为宜，其他营养符合健康南美白对虾或中华鳖养殖要求。鲜活饲料应新鲜、不变质。

投喂饲料原则：坚持定质、定量、定时、定位投喂；养殖前期，沿池塘四周均匀投喂；养殖中、后期，全池均匀投喂；水质不好、天气闷热、大雨时少投或不投；大批蜕壳后足量投喂；水温低于20℃、高于32℃时减少投饲量，16℃以下时停止投喂。

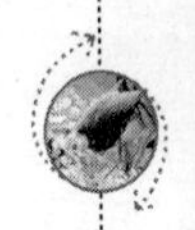

投饲量及方法：投饲量以颗粒干饲料计算，日投饲量控制在存池虾重量的4%~8%，实际操作中应根据池塘存虾尾数、平均体质量、体长及日摄食率，计算出每日理论投饲量，再根据季节、天气、水质变化及南美白对虾活动、摄食情况，适时适量灵活调整。一般以1.5~2.0小时食完为好。饲料以颗粒配合饲料为主，粗蛋白含量幼虾期35%以上，中后期应调整饲料配方，粗蛋白含量28%以上，适当添加鲜活动物性饲料。

根据养殖模式不同，饲料投喂需视具体情况进行相应调整：

①以中华鳖养殖为主：虾苗下塘后，选用0号料投喂，每天分早、中、晚投喂。在幼虾期投喂幼虾配合饲料；中华鳖在放养后第二天即可投喂配合饲料，同时停止投喂虾料；生长旺期每天投喂2次，平时投饲1次。日投饲量控制在存池鳖体质量的4%~8%，投

饲量根据天气、水质、中华鳖的生长等情况，灵活掌握。

②南美白对虾与中华鳖并重的养殖模式：虾苗下塘后，前期投喂同上；中期改用南美白对虾2号料；后期投喂南美白对虾2号料和3号料，确保虾类整个生长周期中对营养的不同需要，日投饲3次，分早、中、晚，晚上投喂量占全天投喂量的60%～70%，同时根据天气、水质、虾的生长蜕壳等情况适时调整。中华鳖在放养后第二天，即可投喂配合饲料，每天投喂2次，先投鳖饲料，1小时后再投喂虾饲料，让鳖尽量在较安静环境下摄食。

③以南美白对虾养殖为主：南美白对虾投喂与第二种养殖模式一样。中华鳖在放养后第二天即可投喂配合饲料，每天投喂2次，半个月后逐步减少，1个月后完全停止投喂鳖配合饲料，到对虾起捕后改为投喂新鲜小杂鱼、动物内脏等，投喂量以2～3小时吃完为宜。

（2）水质管理　①水质指标：养殖期间，水质应保持pH值在7～9，溶氧量在4毫克/升以上，氨氮在0.5毫克/升以下，亚硝基氮在0.02毫克/升以下。肉眼观察水体透明度在30～40厘米，水色黄绿色或黄褐色，呈鲜活嫩爽感觉。

②进水管理：放养前，向养成池注入清洁或经消毒处理的养成用水，进水需用60目以上的筛网过滤。

③定期换水：养成前期，每日添加水3～5厘米，直到水位达1米以上，保持水位；养成中、后期，虾池每隔10～15天加换新水，每次换水1/5～1/4。6—8月份，每10天换水1次，每次换水量不超过20%。换水时，保持水位相对稳定，同时使池水水质符合养殖要求。

④化学调节：每隔半月，全池泼洒生石灰15毫克/升，调节池水pH值、增加蜕壳所需钙质，与漂白粉1.0～1.5毫克/升或二氧化氯0.3～0.4毫克/升交替使用，以消毒水体。同时，根据水质情况不定期使用沸石粉等底质改良剂。

⑤生物调节：根据池塘水质和养殖对象生长情况，不定期泼洒光合细菌、有效微生物（EM）等有益微生物制剂改善水质，用法及

用量参照使用说明书。以南美白对虾养殖为主的池塘可放养适量鲢鳙鱼，以调节水质。

⑥定期检测：养殖中坚持每周用水质检测分析仪，检测水体中的溶解氧、pH 值、氨氮、亚硝酸盐的含量，发现异常及时采取相应措施进行水质调节。

（3）日常管理 ①巡塘：坚持每天早晨和傍晚各巡塘一次，观察水质变化，检查是否有敌害生物侵袭及南美白对虾、中华鳖生长、摄食、活动情况，检修养殖设施，发现问题及时解决。在闷热天气，应增加夜间巡塘，勤作记录。

②增氧：每种方式，都应适当配套增氧机，尽量回避使用水车式增氧；其配置功率，可依据虾苗数量而定（亩）：放养 2 万 ~3 万尾虾苗，配 0.3 千瓦功率增氧机；放养 4 万 ~7 万尾虾苗，配 0.45 ~ 0.60 千瓦功率增氧机；放养 8 万 ~10 万尾虾苗，配 0.6 ~0.8 千瓦功率增氧机。严防浮头，混养塘一经浮头，尽管未导致南美白对虾死伤，可致使中华鳖贪吃对虾量大增，其损失会超过“专养塘”。

增氧机开启，一般晴天中午开机 1 ~2 小时。养殖前期，凌晨开机增氧 2 小时；中、后期开机 3 ~5 小时；高温天气提早增氧，阴雨天气傍晚开机增氧，延长开机时间；后期，除白天增氧外，晚上半夜开机增氧，确保池水有较高溶解氧，严防缺氧浮头。在开启增氧机前，须先察看，避免和谨防喜欢爬到叶轮式增氧机的叶盘上的中华鳖晒背栖息，而无故产生受伤的可能。遇严重缺氧时，应施用化学增氧剂增氧。

6. 病害防治

（1）预防措施 坚持“无病先防、有病早治、防重于治”的原则，以生态防治为基础，合理运用生态防治措施，从严格清塘消毒、调节水质、合理投饲、强化管理等着手，严防虾病发生与蔓延。平时每 10 ~15 天用生石灰、二溴海因和生物制剂交替使用对池塘进行消毒。每天认真巡塘，发现异常情况，及时查找病因，对症治疗。

（2）治疗方法 发现病死虾或病死中华鳖，应立即检查病因、死因，视死亡情况，减少饲料投喂。如遇大批对虾死亡，需及时捞

出病死虾，进行无害化处理，对水体进行严格消毒，同时减少或暂停投喂鳖饲料，并做好与其他池塘的隔离工作，防止交叉感染。收获前1个月，停止使用药物。

7. 捕捞上市

待南美白对虾和中华鳖生长到上市规格，即可捕捞上市。南美白对虾放养后一般80～90天，即达上市规格，约80尾/千克。南美白对虾捕捞，可采用拉网、地笼、干塘等方法，平时可用2.8厘米网眼地笼诱捕，每次放笼时间不宜超过2小时，也可用3厘米网眼拉网扦捕，捕大留小。当水温低于16℃时，应将池虾全部起捕完毕。具体视市场需求、价格及生长情况、健康状况、水质变化等而确定。待池中已捕出85%以上时，再抽水至0.5米左右，用地笼或扦网捕捉剩余对虾。中华鳖可用拖网陆续起捕，一直持续到春节前后甚至跨过年度捕捉，也可将池水全部排干，徒手捕捞上市或放回续养。

三、实例介绍

2009年，浙江省绍兴县绿源水产开发有限公司“虾、鳖混合养殖技术示范”项目，通过一年对三种虾、鳖混养模式的试验，取得了较好的经济、社会和生态效益，是一种节本高效的新型养殖模式，在水产养殖中具有较高的推广价值。现介绍一下该公司的做法，供参考。

1. 虾鳖混养由来

为降低单养南美白对虾的养殖风险，2006年，该公司在专养甲鱼的池塘中搭养了少量南美白对虾，发现部分池塘南美白对虾产量也能达到每亩100～150千克。2007年、2008年，绍兴县农户养殖的南美白对虾大面积发病，但在该公司放养甲鱼的池塘里，南美白对虾发病率较低，甲鱼起捕率超过90%，南美白对虾亩产量100～400千克不等，不仅有效降低了南美白对虾的养殖风险，也取得了较好的经济效益。

2. 2009 年混养情况

为更好地推广这一养殖新模式，2009 年，该公司将试验示范面积扩大至 2 000 亩，并设立 3 个养殖对照组，其中以甲鱼为主、对虾为辅 1 200 亩；以甲鱼与南美白对虾并重 500 亩；以对虾为主、甲鱼为辅 300 亩。

3. 技术要点

（1）苗种放养 温室内养殖达到 0.25～0.50 千克/只的中华鳖（日本品系）幼鳖放入仿生态的外塘养殖池，采用 3 种虾鳖混养模式对比：以甲鱼养殖为主，对虾为辅的模式，养殖面积 1 200 亩，放养密度为甲鱼 400 只/亩，南美白对虾 5 万尾/亩；以甲鱼与南美白对虾并重模式，养殖面积 500 亩，放养密度为甲鱼 250 只/亩，南美白对虾 7 万尾/亩；以养殖南美白对虾为主，甲鱼为辅，养殖面积 300 亩，放养密度为甲鱼 50 只/亩，南美白对虾 10 万尾/亩。南美白对虾苗种放养时间在 4 月底 5 月初，鳖种放养时间在 5 月底至 6 月初。

具体的放养情况见表 22。

表 22 三种养殖模式对比

项目	以甲鱼为主、对虾为辅	甲鱼、对虾并重	以对虾为主、甲鱼为辅
放养面积/亩	1 200	500	300
甲鱼密度/（只·亩$^{-1}$）	400	250	50
对虾密度/（万尾·亩$^{-1}$）	5	7	10
1.5 千瓦增氧机/［台·（10 亩）$^{-1}$］	1	2	3
投饲饲料品种	甲鱼饲料、南美白对虾饲料	甲鱼饲料、南美白对虾饲料	南美白对虾饲料

（2）养殖管理 主要是做好水质管理与饲料投喂，根据不同混养模式，操作重点有所不同。具体方式与三种模式技术介绍相同。

4. 效益评价

（1）经济效益 详见表23。

表23 三种虾鳖混养模式总效益比较

放养模式	合计	以甲鱼为主、对虾为辅（1 200亩）	甲鱼、对虾并重（500亩）	以对虾为主、甲鱼为辅（300亩）
总收入/元	38 243 855	25 353 475	9 808 375	3 082 005
对虾产量/千克	390 409	180 145	124 585	85 679
对虾产值/元	9 760 225	4 503 625	3 114 625	2 141 975
甲鱼产量/千克	406 909	297 855	95 625	13 429
甲鱼产量/元（以70元/千克计）	28 483 630	20 849 850	6 693 750	940 030
总成本/元	24 320 448	16 920 606	5 521 242	1 878 600
苗种费/元	14 194 592	10 868 700	2 756 392	569 500
虾苗费/元	1 062 500	510 000	297 500	255 000
甲鱼苗费/元	13 132 092	10 358 700	2 458 892	314 500
塘租费/元	2 000 000	1 200 000	500 000	300 000
饲料费/元	6 407 332	3 896 542	1 753 990	756 800
电费/元	457 809	213 859	156 500	87 450
生物制剂/元	313 435	182 540	95 895	35 000
其他支出/元	947 280	558 965	258 465	129 850
利润/元	13 923 407	8 432 869	4 287 133	1 203 405
亩利润/元	6 962	7 027	8 574	4 011
投入产出比	1∶1.57	1∶1.50	1∶1.78	1∶1.64

（2）社会效益 通过推广、示范，同时优惠提供优质中华鳖（日本品系）苗种，项目辐射到宁波市鄞州区、余姚市、杭州市萧山区及上虞市等地，2009 年带动了 100 户以上的养殖户开展虾、鳖混合养殖，推广面积在 5 000 亩以上，养殖效益都比较明显，达到了预期的效果，有力地促进了虾农增收增效，推动了绍兴县南美白对虾产业的提升发展。

（3）生态效益 虾、鳖混养降低了两种生物的养殖密度，甲鱼充当清道夫，吃掉病虾、死虾，清除了疾病传染源，混养塘中的甲鱼、对虾很少发病，甲鱼回捕率增长 10%。渔民水产养殖技术、病害防治技术明显提高，开展生态养殖，科学防治各类病害，大幅度减少了渔药的施用。渔药使用量的减少，改善了水环境，提升了水产品的质量，保障了人民身体健康，促进了可持续发展。

该公司通过对试验结果的科学定性、定量分析，得出以下结论：以南美白对虾与日本甲鱼并重的混养模式经济效益最高，此模式充分利用了养殖空间，降低了养殖密度和发病率，发挥甲鱼喜钻泥、打洞的习性，改善了池塘底质，提高了饲料的利用率，是可行的，它既有利于甲鱼的生长，又稳定了南美白对虾的产量。

（绍兴县水产技术推广站 胡洪国）

参虾混养技术

近几年来，虾池养殖刺参在我国迅速崛起，大多数采取粗放经营、广种薄收的养殖方式，而刺参虾池生态养殖模式是将刺参、对虾引入同一养殖池塘，使其形成品种之间相互利用、相互促进、生态互补的生态环境（图23）。混养对虾可以有效地提高养殖刺参池塘的水体利用率，投喂对虾的残饵和虾粪便，既可以增加池水肥度，促进藻类繁殖生长，又可以为对虾、刺参提供天然的生物饵料。因此，实行参虾混养是为了充分挖掘参池本身生产潜力，彻底改变单一养参模式，科学开发利用参池养殖海珍品，从而提高参池经济效益和生态效益。

图23　参虾混养池塘

一、参虾混养一般技术

（一）养殖池的选择

参池所在海区要求水质洁净，潮流畅通，附近无大量淡水注入和其他污染源，适宜刺参摄食的生物饵料丰富，尤其是底栖硅藻数量充足，水体盐度常年保持在26以上，最好能纳入自然潮水，池深在1.5～2.0米，一般养殖面积以10～50亩为宜。

（二）放苗前准备

1. 人工参礁的设置

参池底质环境是刺参栖息的重要条件，对于一般底质的参池，可以用石块、水泥板、空心砖、扇贝笼等垒成堆状，作为人工参礁，每亩参池堆放参礁体积为 100～180 立方米。

2. 参池消毒

人工参礁设置好后，纳水浸泡参池 15 天，再将池水放掉，采取连续冲洗、浸泡的方法，以降低底泥的有机物含量。在放养前 20 天，用 50～75 千克/亩生石灰进行彻底清塘消毒，以杀灭敌害鱼类及病菌、病毒。

3. 肥水

在放苗前 10 天左右进行肥水，用 60 目筛绢网纳水，水位达 50～60 厘米。肥水时，虾池投放 50～80 千克/亩经过发酵的鸡粪，或施用无机肥 2～4 千克/亩，以培养池水中的基础生物饵料。

（三）苗种放养

放苗时间在 3 月至 5 月初期，即当育苗室中刺参苗体长达 1.5 厘米以上，具备了底栖生存能力，能够爬行和舔食生活时，便可放苗入池，每亩放参苗 6 000 头左右。参苗的投放方法有两种：一是网袋投放法，体长 3 厘米以下的小苗，需装进网袋中，网袋尺寸为 30 厘米×25 厘米，每袋装苗 500 头左右，网袋要放在附着基上呈半开口状，这样参苗爬出网袋后，能直接附在附着基上；二是直接投放法，将体长为 4～5 厘米的参苗，直接投放在附着基较集中的地方，均匀投播即可。

虾苗放养时间在 5 月初，放养规格为 1.2～3.0 厘米的中国对虾虾苗，放养密度为 2 000～3 000 尾/亩。

（四）养殖管理

1. 水质调节

水质是水生生物依赖的生活环境，水质的好坏直接影响养殖对象的生长发育与生存或死亡。水质调节要因地制宜，因时制宜。

养殖前期（6 月份之前），水位不宜过深，一般以 100 ~ 120 厘米为宜，每潮要根据池塘的具体情况适时换水，以利于基础生物饵料的繁殖及养殖品种的正常生长；养殖中期（进入 7 月份之后），应逐步加深水位，一般应保持在 1.5 ~ 1.8 米以上，并加大换水量，保持水质清新，以确保刺参夏眠；养殖后期（到 9 月份中旬左右），可以适当降低水位，此时刺参夏眠结束，有利于刺参的活动与摄食。

2. 饲料投喂

在整个养殖过程中，不对刺参进行特别投喂，在投喂中国对虾时适量多投喂对虾人工配合饲料，并结合虾池内养殖品种的数量，适量投喂部分卤虫、人工饲料、杂色蛤和四角蛤蜊等，让部分残饵与对虾的粪便沉落在池底，以供刺参摄食。

3. 日常管理

定时进行水质监测，调节好水温、盐度、溶解氧、pH 值等理化指标，调节好水色，并根据池水透明度，适时肥水，及时掌握池水中浮游生物的种类和数量。定时向参池内投入光合细菌等有益微生物，既为刺参提供生物饵料，又起到改善底质、净化水质的作用。同时，每天要定时巡池，观察养殖品种的生长、摄食、排泄、病害、成活率等情况。夏季应防止池水水温剧升。大雨过后，要注意及时排掉参池表层淡水，并加大换水量，始终保持池水盐度在 26 以上。

（五）收获

1. 对虾收获

多采用闸门挂网、放水收虾的方法。采用此种方法，多赶在大潮汛期间，这样既可以及时补充参池内排出的水，又可避免对海参造成影响。另一种方法是用网捕虾，这种方法适用于一次不能全部收获完的情况，但是容易把池底搅浑。

2. 海参收获

一般采用潜水员下水采捕的方式，捕大留小，一般一年分春、秋两季采捕。

二、参虾混养关键技术

1. 参池要求

有效水深达 1.5 米以上；底质以沙为主，较硬的沙泥底质为好；底质有机物含量丰富；具有一定换水能力，日换水量 20% 以上；海水盐度保持在 26 以上。

2. 参礁建造

在参池内应投放附着基。附着基的数量要充足，根据混养参池的底质特点，选择相应的附着基。如沙泥底，可以选择石头、空心砖、瓦片等；泥沙底或泥底，则要选择扇贝笼、柞木枝、自制遮阳网附着基等。

3. 水质处理

进行漂白粉全池消毒，然后纳入清水并把水质培养好。

4. 投放苗种

投苗时间一般要求在每年 9—11 月份，放养密度每亩 4 000 头，应以大苗为好。

5. 安全措施

参虾混养的池塘必须在排水闸门一端设有标准的外围网，以防排水时虾苗被水流冲进袖网内，造成虾苗伤亡。

6. 防止缺氧措施

在池塘内安装微孔增氧机，并掌握适时开启增氧机的时间。

7. 饲料投喂

刺参是以植物为饲料，只要培养好水质，就不需要再投喂

饲料。

8. 度夏管理

刺参适应的水温是 -3 ~28℃。因此，在夏天高温季节时，参池应纳潮提高水位以利于度夏。

9. 日常管理

按照《中国对虾养殖技术规范》进行。10 月份收虾后，应立即将池水注满，深秋后水温逐渐下降，底栖硅藻数量减少，可适当地向池内投放一点鸡粪，有利于促进海参的生长。

三、实例介绍

为了充分挖掘参池生产潜力，提高参池经济效益和生态效益，2008 年，山东省乳山市海阳所镇金港村进行 30 亩海参与对虾混养试验，为了证明混养优越性，同时进行 30 亩单养海参对比试验，现将试验总结如下。

（一）试验材料与方法

1. 池塘选择及整修

本试验项目混养池塘选择在金港村的 4 号池，对比养殖池为隔壁的 5 号池，面积均为 30 亩。根据海参放苗时间和生长特点，2008 年春季着手对试验池进行整修，池底进行晾晒，并多次采用涨潮水冲刷池底，然后用 20 毫克/升的漂白粉进行消毒。待整修完毕干池把附着基投放到滩面上后，进水 80 厘米开始肥水。

2. 附着基的选择及投放

经过筛选，该试验所用附着基为遮阳网和旧扇贝盘加工而成，在加工遮阳网时，根据实际需要订制好尺寸。把遮阳网缝到扇贝盘上，每 60 厘米左右，缝一个扇贝盘，上面留一个 10 厘米左右的空隙，形状类似于扇贝笼。投放附着基时，要注意把遮阳网笼拉直，以防止堆积下陷。附着基的间距为 1.5 米左右，遮阳网笼的投放方向与进、排水方向一致。注意网口与池底的角度，投放时，在遮阳网笼下部坠上小石头或沙袋。

3. 苗种放养

附着基投放20天左右后，待遮阳网表面长满大量底栖硅藻等基础生物饵料后开始投苗。

海参苗种放养规格：50头/千克左右；放苗密度：4 000头/亩。海参苗种投放采用直接放入遮阳网笼的方式。

对虾苗放养：2008年5月4日从中国水产科学研究院黄海水产研究所试验基地运回的中国对虾“黄海2号”虾苗，平均规格为1.5厘米，平均亩放虾苗2 000尾。

4. 养成技术管理

(1) 搞好池水交换 参虾混养，搞好池水交换很重要，通过经常交换池水，有利于促进底栖生物生长和繁殖。海参主要摄食池底中有机碎屑和池中浮游生物，有时吞食底质泥沙及底栖硅藻，所以海参与对虾混养应保持水质的肥度，经常换水，以保持池中有足够的浮游生物供海参食用。在试验中，基本保持每次潮汛换水4~5次，每次换水量为20%~30%。

(2) 搞好水质测定，及时调节水质 池中生物量的增减直接影响到海参的生长，搞好水质测定，便于及时调节水质。因此，每个潮汛前都必须测定水质一次，主要测定水温、盐度、pH值。池中生物测定方法主要是以肉眼观测水色和透明度，水色以黄色和黄褐色为好水，透明度应保持在35厘米以内，这说明绿藻和硅藻占优势，有利于海参生长，反之应及时调节水质。

(3) 抓好海参夏眠期的管理 进入6月份以后到8月末，水温达到20℃以上，海参基本处于夏眠期。为了不影响海参夏眠，在试验过程中，我们在附着基区域外定点投饲，饲料以少量多次为好，避免残饵过多对底质造成影响。另外应提高水位，调节水温。

（4）抓好对虾养殖，搞好虾病防治　在整个试验中，对虾养殖管理主要按照对虾养殖操作规程去指导养虾生产，结合目前虾病普遍存在的情况，及时采取早期病害防治，定期搞好药饵预防，进水实行定期消毒等措施，收到了比较好的效果。

（二）试验结果

海参与对虾混养，试验塘与对照塘各有养殖水面30亩。

1. 试验塘

（1）对虾　9月25日开始陆续收捕对虾，到10月25日共收捕对虾915千克；对虾出池规格平均为13厘米，平均亩产对虾30.5千克。

（2）海参　从11月16日开始收捕至12月20日止，共收捕海参4 815千克。海参出池规格8～10头/千克，平均亩产海参160.5千克。

2. 对照塘

共产海参4 284千克，平均亩产海参142.8千克。

3. 经济效益对比

试验塘（参虾混养池塘），海参总产值为86.67万元，对虾总产值为10.98万元，纯利润为44.85万元，平均亩利润为1.495万元；而对照塘（单养海参池塘），纯利润为24.312万元，平均亩利润为0.810万元。试验塘比对照塘纯利润增加20.538万元，增加84.5%；平均每亩增加纯利润0.685万元，效果显著，值得认真总结经验，因地制宜加以推广。

（山东省渔业技术推广站　景福涛，李鲁晶）

扇贝与海带间养技术

扇贝是一种肉质细嫩、味道鲜美、营养丰富的海产品，其闭壳肌（俗称“贝柱”）干品被称为“干贝”，是海产品中的珍品。新鲜扇贝平均蛋白质含量为14.5%、脂肪1.1%、糖类1.5%、灰分1.9%。干贝柱中蛋白质含量为63.7%、脂肪3.0%、糖类15.0%、灰分5.0%、水分10.3%。蛋白质中含有10多种氨基酸，呈鲜味的谷氨酸含量在水产品中最高，占7.15%。鲜贝软体部中可提取一种具有抗癌作用的现代药物“凝集素”。因此，扇贝深受国内外消费者青睐，市场前景广阔。由于扇贝的经济价值很高，所以世界上许多沿海国家都十分重视扇贝的增养殖生产。

一、扇贝的生物学特性

世界上扇贝的种类繁多，但适宜中国海域生态环境条件的经济品种主要有3种，分别是栉孔扇贝、海湾扇贝和虾夷扇贝。

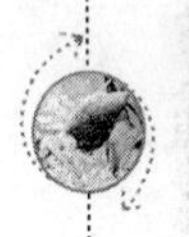

（一）生态习性

1. 栉孔扇贝

栉孔扇贝自然分布于辽宁的大连和山东的青岛、威海、烟台等地沿海。它生活在低潮线以下，水流较急、盐度偏高、透明度较大、水深一般在5～20米的岩礁底质或沙砾等硬底质海域。用足丝固着在海底岩石或其他物体上生活。在自然海区，岩礁是它附着生长的较好基质，大型沙砾底质，也能很好附着。

栉孔扇贝对低温的抵御能力较强。水温在15～25℃时，生长良好；水温在－1.5℃时，也能生存；但在4℃以下时，几乎不能生长；水温在25℃以上，生长也很缓慢；在－2℃以下的低温或在35℃以上的高温下，能导致死亡。栉孔扇贝对海水盐度的适应范

围为 19～38，而盐度以 22～34 为最适宜。所以栉孔扇贝多分布在盐度较高且无淡水注入的海区。

2. 海湾扇贝

海湾扇贝原产于美国大西洋沿海的浅海或内湾的泥沙底质中。由于其生长速度快，经济价值高，所以中国科学院海洋研究所于 1982 年 12 月将海湾扇贝引到我国，目前已在我国沿海较为普遍地开展人工养殖。海湾扇贝的生存水温为 2～34℃；生长水温为 5～30℃；水温在 5℃以下停止生长；水温在 10℃以上生长良好；水温在 18～28℃生长最快；在 25℃的条件下，壳高月增长可达到 1.6 厘米。

海湾扇贝对盐度变化的适应性较强，1 毫米的稚贝，在盐度 16～42 的范围内仍能生长，而生长最适盐度为 25～34；3 毫米左右的幼贝，在盐度 21～41 的范围内，144 小时存活率为 100%；成贝耐盐范围为 16～43，其生长适宜盐度为21～35。

3. 虾夷扇贝

虾夷扇贝属于狭温冷水性贝类，其生长适温范围为 5～20℃；最适生长水温为 10～15℃；水温低于 5℃生长缓慢；水温在 0℃左右运动极度降低甚至停滞；当水温高于 23℃时，生活能力减弱。成贝对盐度的适应范围较窄，适宜盐度范围为 25～35，最适盐度范围为 30～33。但稚贝生活的临界盐度为 11.5；在盐度为 40.7 的高盐海水中，稚贝鳃纤毛运动仍为正常。

（二）生活习性

扇贝正常生活时，通常微张双壳，两片外套膜边缘上的触手自然伸展。如果遇到环境不适，便自行切断足丝，急剧地张闭双壳，凭借贝壳闭合的排水力量，做短距离的不规则移动。扇贝移动到新的环境中适应后，便静卧水底，并重新分泌足丝进行附着。海湾扇贝的足丝极不发达，虾夷扇贝进入成贝几乎没有足丝，营半埋栖生活。

扇贝为滤食性贝类，依靠鳃过滤食物。虾夷扇贝滤食性较强，壳高38～44 毫米的个体，平均滤水量为3.26升／小时；60～65毫米的个体，平均滤水量为4.72升／小时，其成体最大滤水量为24.4升／小时。扇贝滤食有明显的昼夜变化，据试验表明，虾夷扇贝单位体重的滤水速度以01：00—03：00达到最高峰，而11：00—13：00达到最低值。进入扇贝外套膜的海水，通过鳃表面时，海水中的许多饵料为黏液所包裹，并从海水中分离出来，将合适的饵料颗粒送入唇瓣。

扇贝的食性较杂，自然条件下主要摄食细小的浮游植物、浮游动物、细菌以及有机碎屑等。其中浮游植物以硅藻为主，鞭毛藻及其他藻类为次，浮游动物中有桡足类、无脊椎动物的浮游幼虫等。硅藻类中以角毛藻、圆筛藻、舟形藻等多见，其食料数量及组成与季节变化有密切的关系。

（三）繁殖习性

栉孔扇贝在北方沿海有春季和秋季两个繁殖盛期。在繁殖盛期中，又能多次排放，一般时隔10～15天可排放一次，间隔时间的长短与海况、潮汐等环境条件变化有关。扇贝的繁殖季节，除与水温有关外，还与其生殖腺指数有着重要关系。一般栉孔扇贝繁殖时，生殖腺指数为12%～16%，海湾扇贝为15%～20%，虾夷扇贝为16%～22%。栉孔扇贝的1龄贝就具有繁殖能力，生物学最小型为1.8厘米，虾夷扇贝满1龄个体，壳高4～5厘米，生殖腺成熟，但没有繁殖能力，壳高10～12厘米的2龄个体具有较强的繁殖能力。海湾扇贝采用春季升温促熟的个体，当年秋季9—10月份壳高4～5厘米时，生殖腺就能成熟，到翌年春季5—6月份繁殖后，多数个体自然死亡。

扇贝产卵与排精的状态是不同的。雌贝在产卵前显得比较活跃，通常张开双壳再猛烈关闭，卵子便随着水流从贝壳的后方喷出来，喷出来的卵子呈红色。雄贝排精时贝壳没有猛烈关闭现象，只是从贝壳的后端精子呈烟雾状缕缕排出，排出的精子呈乳白色。一个雌贝在30～40分钟内，能连续排放3～4次，一个雄贝的排精时间，可延续30～45分钟。海湾扇贝是雌雄同体，排放时通常是

先排精子，然后才排卵子，两者可相间 15 ~ 20 分钟。扇贝生殖腺成熟的个体，虽然白天也能排放，但是通常在 19：00—21：00 有集中排放的习性，无论是栉孔扇贝还是海湾扇贝，都有这种特性。扇贝的产卵量与其个体大小有关，个体越大，其产卵量就越大。通常扇贝的产卵量是其怀卵量的 20% ~ 30%。雄贝的怀精量一般是雌贝的怀卵量的几百倍甚至几千倍，高达数十亿至数千亿，但一次排精量一般为几十亿至几百亿，一个壳高 6 ~ 7 厘米的雄贝，排出的精液能使 10 升海水变得像牛奶一样浑浊。

雌贝与雄贝分别在海水中排放精、卵，卵子受精后，在适温条件下，发育到担轮幼虫，再经一段适温期发育到 D 型幼虫，开始摄食。D 型幼虫，再经发育转化到壳顶幼虫后出现眼点。此时的幼虫，时而浮游，时而匍匐，寻找适宜的附着基。幼虫匍匐或附着在附着基上，逐渐开始营附着生活。附着后的幼体面盘，很快退化或消失，逐渐长出次生壶，并具很细的放射肋，从而完成变态过程。幼虫进一步生长，性腺发育成熟后就是成贝。

二、扇贝养殖

将扇贝苗经过养殖达到商品规格的成贝（栉孔扇贝壳高不小于6.5 厘米，海湾扇贝不小于 5.0 厘米，虾夷扇贝不小于 8.0 厘米）的养殖过程，叫做养成。目前的养殖方式主要采用筏式网笼吊养和穿耳吊养两种方式。

筏式网笼养殖栉孔扇贝，一般在 8 月底之前贝苗壳高 1 厘米左右分苗，至当年 11 月中下旬壳高达 2 厘米左右；越冬以后，至翌年 4—5 月份，壳高均可达到 3 厘米左右，此时开始倒笼分苗养成；至年底 11—12 月份，壳高达 6 ~ 7 厘米时即可收获。前后共经过 3 个适温生长期，在海上养殖时间为 15 ~ 16 个月。

海湾扇贝在当年 6—7 月份分苗，9 月份当壳高达到 2 ~ 3 厘米时，进行倒笼二次分苗，至当年 11 月中下旬全部收获。此时，大多数个体壳高可达到 5 厘米以上。虾夷扇贝 5—6 月份分苗暂养，7—8 月份壳高达 2 ~ 3 厘米时，分苗养成，到翌年 8 月份壳高一般可达 8 ~ 9 厘米，进入收获期。

（一）养殖海区的选择

扇贝养殖海区应满足以下条件。

①海流畅通，海区水流速度以每分钟 20 ~ 25 米为宜。

②养殖海区水质不受工业废水、农业地表水、生活污水及废弃垃圾物的污染。海水中生物饵料丰富，浮游生物含量应在每毫升 1 000 个以上，海水清澈，敌害生物少，水深以 10 ~ 20 米为宜。

③底质以砾石和砂泥质为宜。海区受风浪影响小、附泥少、杂藻少、敌害生物少。

④海区水温，夏季以最高不超过 28℃，冬季以最低不低于 2℃为宜。栉孔扇贝以 15 ~ 25℃、海湾扇贝以 18 ~ 28℃、虾夷扇贝以 10 ~ 20℃为最适水温。最适水温的持续时间，越长越好。

⑤海区海水 pH 值以在 7. 5 ~ 8. 3 之间为宜。

（二）贝苗的运输

扇贝苗种在批量运输时，无论是船运还是车运，都不宜采用水运法，采用保持一定湿度的干运法较为理想。所谓干运法就是把扇贝苗用海水洗刷干净，特别要把贝苗上的浮泥和杂贝洗刷干净。然后将贝苗装入网袋内或塑料箱内（塑料箱底部要有排水孔，防止箱子底部存水），箱内的贝苗表面用经海水浸泡的干净毛巾覆盖后再盖好箱盖，箱口四周要设有通气孔。每个网袋或塑料箱可装贝苗10 ~ 25 千克。运输时最好用保温车，装有贝苗的网袋或塑料箱可直接摞装于车厢内，网袋的表面要用经海水湿透的海草覆盖，以保持一定的湿度。起运时，若路程远、气温过高，车内要采用加冰降温措施，以保证安全运输。

（三）分苗时间与方法

1. 分苗时间

扇贝分苗时间的确定，主要是为了合理利用扇贝的适温生长期，其分苗时间宜早不宜晚。一般栉孔扇贝苗在壳高 1 厘米左右时，即可疏苗暂养。常温苗一般在当年 8 月底前分苗，控温苗在 7 月份开始分苗，到当年 11—12 月份贝苗壳高可达 2 ~ 3 厘米时，就

要分苗养成。海湾扇贝苗，壳高在1厘米左右时即进行疏苗暂养，一般在6月下旬至7月中旬，壳高2～3厘米时，可分苗养成，这样至11中月下旬收获时，都可达到商品规格。

2. 分苗方法

把贝苗从中间培育网袋中或采苗网袋中，洗刷到较大的塑料盆或其他容器中，集中后进行筛苗分选。筛苗是用筛子将不同规格的贝苗筛选分开。筛苗时筛子不要离开水面，在大盆中带水筛选，以减少对苗体的损伤。筛子的规格可以根据容器的大小来定。筛子网目的规格以比养成笼的网目规格大1～2毫米为宜。把筛选出的大苗，集中后分苗到养成笼中，小苗继续装袋分养。有时为了争取生长时间，也可在养成笼外套上一层密目网衣，以防小苗逃逸。待贝苗长大后去掉网衣，也可将个体较小的贝苗装在密网笼中，待扇贝苗长到大于养成笼网目时，再放到养成网笼中养成。

（四）养成方法

1. 筏式网笼养殖

这是目前扇贝养殖的一种普遍形式，养成笼是用直径为30～45厘米的有孔塑料盘和网目为10～20毫米的聚乙烯网片缝成圆柱筒形，一般分为5～10层，层间距15厘米。养殖栉孔扇贝时，每层可放养壳高1厘米以上的贝苗200～250粒（此时用网目为10毫米的网片）；二次分苗养成时，用网目为20毫米的网笼，每层可放壳高2厘米以上的贝苗30～40粒，直养到收获。筏式网笼养殖是将装有贝苗的网笼系挂在筏架上，笼间距1米左右，筏养水层为2～4米。

养殖虾夷扇贝时最好使用袋式网笼进行养成。每层装放3厘米以上的贝苗12粒，每笼120粒。若采用传统扇贝养成笼时，每层可放养壳高3厘米左右的贝苗8～10粒，同时每层混养3厘米以上的栉孔贝苗10～12粒。由于虾夷扇贝在夏季水温23℃以上时，易出现死亡，且由于虾夷扇贝成体足丝退化，贝体在网笼内呈游离状态，受到风浪冲击时，贝壳极易互相钳插而死亡。所以，养殖虾夷扇贝，为避开夏季表层高水温、减少风浪袭击，应采用吊漂养殖，度夏水层应在5米以下为宜。

养殖海湾扇贝用春季人工升温培育的贝苗，5月份下海中间培育，7月底以前贝苗壳高2厘米以上就可分笼养成。每层放养壳高2厘米的贝苗25～30粒，因海湾扇贝必须当年收获，如放养密度过大，不仅会造成成活率低，而且规格也很难达到要求的商品规格，所以每层放苗不要超过30粒。养殖水层3米左右较为适宜。

网笼养殖扇贝，既可防止扇贝逃逸，又可防除大型敌害生物，但网笼易附着杂藻、海鞘等，会影响通水性，应及时清除，以免影响扇贝的正常生长。

2. 穿耳筏式吊养

这种养殖方法适合前身较大的栉孔扇贝和虾夷扇贝的养殖。经海上中间培育的扇贝苗，到翌年3—4月份，壳高达3厘米左右时，在其左壳前耳基部钻一个直径为1.5毫米左右的小孔，用直径为0.7～0.8毫米的胶丝线穿入小孔，2～3粒扇贝为一簇，簇间距为3厘米，均匀缠绕在养殖绳上。钻孔操作时要注意，应从右壳向左壳钻孔，不要钻伤扇贝的足部，以防止韧带拉伤造成错壳。缠绕时，应使扇贝右壳靠在养殖绳上，以便于其附着。钻孔、穿耳操作时，应尽量缩短露空时间，操作场所要保持湿润、通风良好，以避免阳光直射。在气温13～14℃时，露空时间不宜超过6小时。长2米的养殖绳，每绳可吊养130～150粒扇贝，一个熟练工人每天可穿25～30绳。穿耳吊养既可垂挂、又可平挂。垂挂时，绳间距50厘米。平挂时，绳间距约为75厘米。穿耳吊养的方法，具有生产成本低、生长速度快、贝壳较宽、出肉率较高等优点。不足的是，吊养扇贝脱落率较高，易被敌害所食，杂贝、杂藻附着较多，收获时清杂工作量较大。

3. 贝藻间养与轮养

在浅海筏式养殖生产过程中，为提高海区利用率，促进扇贝和海带的快速生长，提高单位面积养殖生产效益，可实行贝、藻间

养与套养。扇贝的代谢产物增加了海区的含氮量，为海带提供了有机肥料；同时，扇贝排出的二氧化碳，也给海带增加了进行光合作用的原料；海带通过光合作用排出大量氧气，增加水体中的溶氧量，有利于扇贝的生长。漂浮在水中的海带藻体，为扇贝起到了遮阴作用，有利于扇贝的摄食和生长，二者起到互促互利的作用。间养的方法，可视海区条件进行筏间养或绳间养。海湾扇贝可与海带轮养，在6月份海带收割结束后，利用海带筏架养殖海湾扇贝，11月份海湾扇贝养成收获后，可继续养殖海带。

4. 底播养殖

底播时应选择岩礁或沙砾底质、无淤泥、风浪较小、水深10米以上、敌害生物较少的海区。底播前，首先要认真清除敌害，尤其是海星、蛇尾、蟹类等；其次要进行试播，试播面积的半径不应小于60米，1个月后的存活率要大于60%，然后方可进行生产性的底播。底播时间一般在春季4—5月份。底播贝苗规格应以壳高2~3厘米为宜。底播方法是由潜水员将贝苗送入海底并均匀散播开来。其密度一般为10~20粒/米^2。底播的扇贝苗在海底生活20个月左右即可收获。

此外，还可进行虾贝混养、参贝混养、鱼贝混养等。在虾池内放养海湾扇贝或在参池内放养栉孔扇贝等，均可充分利用养殖水体，提高单位面积养殖产量。一般池养底播扇贝苗，每亩可放养壳高2~3厘米的幼贝1万粒左右。尽管扇贝的养殖方式不同，为提高养殖产量，缩短养殖周期，在生产过程中一定要根据海况条件做到合理密养。

（五）养殖期间的日常管理措施

1. 分苗与倒笼

扇贝一年有2个适温的生长期。栉孔扇贝从贝苗养殖到成贝要经过3个适温生长期。所以生产上要抓紧时间，在当年8月底之前分苗，这样到年底贝苗壳高可达到2~3厘米。翌年4月份开始倒笼，并将大小贝苗分开，大苗养到10—11月就可收获；小苗要养到第三年春季4—5 月份才能收获。

另外，倒笼时间早晚对扇贝生长也有很大影响，一般春季水温回升至5℃左右时，应及时倒笼。如果能在4 月中旬前后完成倒笼工作，就可以使扇贝充分利用当年两个适温生长期，长成壳高6 ~ 7 厘米的商品规格。

2. 调整养殖水层

适时调整养殖水层，这对扇贝的生长快慢与成活率的高低至关重要。冬季（水温低于5℃）和夏季（水温高于25℃）将扇贝养殖水层调整到中、下层，使其安全越冬与度夏；春季与秋季（水温10 ~ 23℃）将扇贝养殖水层上调到2 ~ 3 米的水层进行养殖，这两个季节由于上层水温适宜，生物饵料较为丰富，有利于扇贝的快速生长。海湾扇贝在海区比较安全的条件下，水层可提得高些，一般以2 米左右为宜；虾夷扇贝在7—9 月高温期，应将水层下调至6 米以下。调整水层的方法：一是调整网笼吊绳长短；二是采取吊漂的方法调整筏架；三是增减浮力大小。

3. 清除附着物

在扇贝养殖的生产过程中，贝体上和养殖器材上往往附着大量的附着物，尤其是网笼上附着的杂藻、杂贝、海鞘和浮泥等严重影响了扇贝笼内外的水体交换，造成水流不畅，饵料减少，直接影响了扇贝的生长和存活。清除附着物的方法：一是在夏季7—8 月份附着生物繁殖高峰期时，及时采取沉笼的方法，以避开生物附着水层；二是要及时刷笼、倒笼，采取敲打洗刷的方法，每月清洗网笼1 ~ 2 次，每年的4 月份、8 月份各倒笼1 次。倒笼不仅是清除附着物的最好方法，而且还是清除笼内海星、蛇尾、蟹类等敌害生物的最好时机。

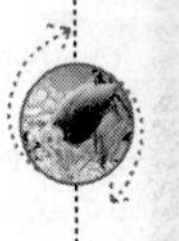

4. 调整浮力

在生产过程中，随着扇贝个体的不断生长，加之附着物的增多，筏架负荷就会不断增大。为了保持合理的养殖水层和防止沉筏，应及时调整养殖筏架的浮力。调整浮力的方法是增加或减少

浮漂的数量，调整浮漂的大小，从而达到调整浮力的目的。

5. 安全生产

在扇贝养殖生产过程中的日常管理，还要经常检查有无浮漂脱落、吊绳是否松动、网笼有无破碎、开口和相互缠绕等现象，发现问题应及时处理。

（六）扇贝收获

扇贝的收获季节一般在春季（5—6 月份）和秋季（11—12 月份）两个季节较为理想。春季加工干贝，出成率为 3.0% 左右；秋季加工干贝，出成率为 2.5% 左右。这两个季节加工干贝，不仅干贝出成率高，而且加工质量好。在生产中为了缩短养殖周期和市场的需求，一般多在秋季 10—11 月份批量收获，此时鲜贝柱与软体部的相对重量比为 40% 左右。海湾扇贝的收获季节，以 11—12 月份最好，此时的鲜肉率一般为 30% 左右，鲜贝柱率为 11% ~ 12%。扇贝的市场销售，主要以销鲜和加工品为主。扇贝的加工方法很多，目前主要以冷冻制品、干制品、罐头制品以及烤制品等系列食品为主。

三、生物敌害与疾病防治

扇贝的敌害生物很多，大致可分为 4 大类。

（一）肉食性动物

肉食性鱼类（鲽、杜父鱼等）主要吃食小扇贝；海星、海胆，也吃食扇贝，特别是对稚贝和幼贝危害很大；蟹类能用其螯足钳食扇贝；壳蛞蝓能舔食稚贝；涡虫类能用身体缠死稚贝而食之；各种肉食性螺类和头足类等皆是扇贝的敌害。

（二）穿孔动物

凿贝虫常在扇贝的贝壳上凿成孔道筑巢栖息。被其穿孔的扇贝壳由于孔道随着虫体的生长越来越大，而变得脆薄，容易破碎。严重时，贝壳支离破碎、凹凸不平，从而影响了扇贝的正常生长，甚至造成死亡；还有一种是海绵动物，属于穿贝海绵科的一种，它也能在贝壳上穿孔生活，影响扇贝的生长。

（三）寄生动物

有一种蟹奴能寄生在扇贝体内，固着在鳃上，摄取养分营寄生生活。蟹奴小的时候呈圆形，生长过程中体上出现缢痕成为串状，最长可长到 8 毫米左右。扇贝被其寄生后，软体部增肉情况明显下降。

在扇贝的外套腔中常寄居着一种小豆蟹，由于它的寄居生活影响扇贝摄食，使扇贝生长受阻。这种豆蟹虽不属纯寄生性，但也不是共生，对扇贝毫无益处。

（四）附着生物

在扇贝的贝壳上常有一些附着生物附着，如藤壶、牡蛎、海绵、贻贝、金蛤、麦秆虫及一些藻类。这些附着生物不仅能与扇贝争食饵料，而且还会堵塞养殖网笼，影响扇贝的生长，甚至引起窒息死亡。

目前的防治方法主要是勤洗刷网笼，及时倒笼，始终保持网笼内外清净，这样可以减少或防止疾病的发生和病害生物的侵害。

（山东省渔业技术推广站　李鲁晶，景福涛）

海水池塘虾蟹贝混养高效生态养殖模式

一、混养模式

自1993年全国对虾白斑综合征病毒病危害传播以来，广大虾农一直没有一个有效抵御白斑病的养殖方法，海水虾类养殖一直处于不稳定的状态。一般虾农抗风险能力差，不敢贸然在天然海水池塘中单养虾类。所以自然地就派生出了多品种混养，这个品种不收，那个品种收，大大降低了由于病害而绝产的风险。混养的具体方法多种多样，有虾鱼、虾蟹、虾贝、虾参、虾藻等。下面介绍虾、蟹、贝混养，立体生态养殖综合利用海水池塘模式——四放六收，混养的品种为中国对虾、日本对虾、三疣梭子蟹和菲律宾蛤仔、缢蛏等（图24）。

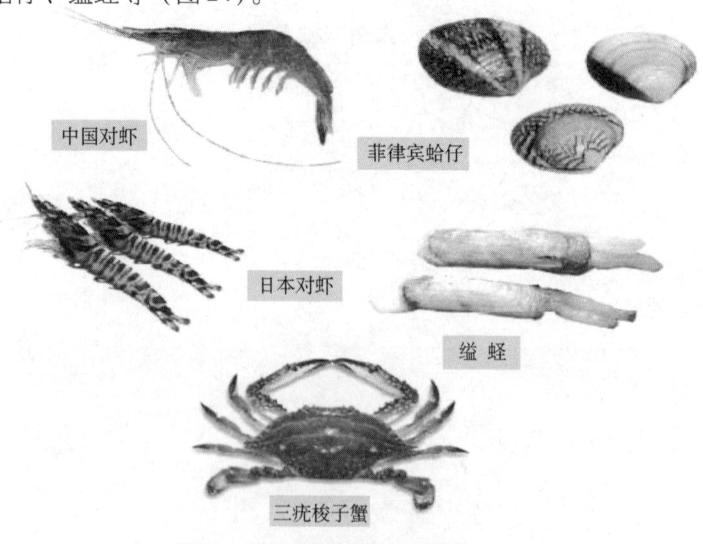

图24　海水池溏混养的部分品种

虾蟹的排泄物以及饵料的残余，在水中能转化为肥料，使池水富营养化，导致单胞藻类繁殖过盛，使水的透明度下降，pH 值升高，不利于虾蟹生长，因此，需要加大换水量。加大换水量，往往受条件限制或浪费动力，而且大量换水也会导致池塘水环境发生剧烈变化，对虾蟹养殖的稳定环境造成影响，容易引起虾蟹发病。

混养池塘，水的肥力催生单细胞藻类，既净化了水质，又为贝类提供了丰富的优质饵料，从而额外地增加了贝类的收入。贝类滤食了过多的单细胞藻类和有机碎屑，调节了水质，为虾蟹生长营造了较好的生态环境。梭子蟹及时吃掉病死虾，避免了健康虾吃病死虾，可有效延长对虾白斑病的横向传播时间。所以，这种虾、蟹、贝混养的养殖模式，是生态互利的，推广容易获得成功。

二、放苗前准备

1. 清污整池

在放养虾苗前，应将养殖池、进水和排水渠道等积水排净，封闸晒池，特别要清除杂藻和杂草。沉积物较厚的地方，应翻耕曝晒或反复冲洗（图 25），促进有机物的氧化分解。将黑色的淤泥清除运出，不得将池中的污泥搅起直接冲入海中。这项工作最好在养殖结束时尽早进行。

图 25　池塘曝晒

2. 整修贝台

清污整池后，在池塘的正常水位线以下50～80厘米处做一个平台，平台宽1.2米左右，长度应当绕池一周。面积大，饵料和溶解氧都均匀，利于贝类生长。做好贝台，再在上面固定覆盖网子，以防贝类被蟹吃掉。网目的大小为圆孔直径1厘米左右。网片宜采用6股有结聚乙烯网。在贝台外侧，挖沟深20厘米，用泥土压住网片。贝台与坝之间30厘米左右距离，利于中国对虾寻食，防止坝泥淤埋贝类，如图26所示。

图26　池坝与贝台

3. 安装闸门设置过滤网

在池塘药物消毒和进水前，应当事先安装好滤水网，防止进水时敌害生物进入池中，同时也防止虾蟹逃出池外。进水网，采用锥形网（袖子网）；排水网，采用弧形围网。网目均采用60目。进水网的安装要严密，网框与闸槽缝隙，也要用棕丝之类填塞结实。

4. 池子的分隔

先把池子用20目纱网分成两大部分，1/3水面养梭子蟹，2/3水面养中国对虾。再在养梭子蟹的池子里，在背风向阳的池边，用20目纱网和竹棍围出一小块水面，约每10平方米水面放养1万只蟹苗，作为蟹苗暂养池（图27）。

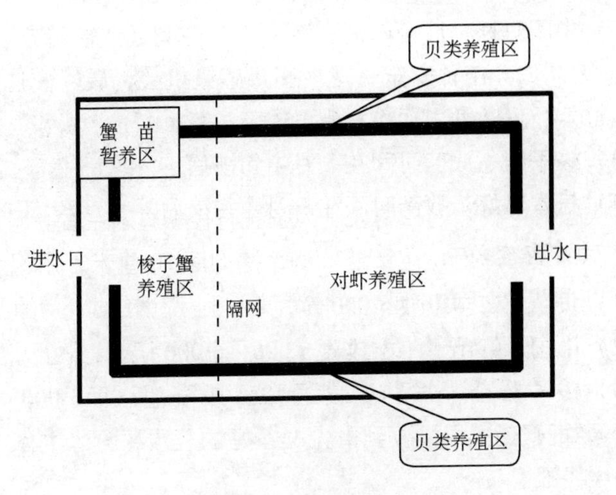

图 27　养殖池塘的分隔

5. 进水和消毒

进水应当尽量提前，山东省日照市在阴历正月十五至二月十五。海水温度低，病原微生物少，带病毒的浮游生物也少，水质较好。通过闸门控制，分几潮缓缓进水，保证进水网的安全，尽量把水进足。进水后封闭闸门，用 250 克/米^3 生石灰或 80 ~ 100 克/米^3 漂白粉，全池泼洒消毒，消毒应尽量均匀。

6. 施肥

进水消毒 3 天后，开始施肥。施用二胺、尿素或复合肥，每立方米水体施 6 ~ 10 克。施肥后 7 ~ 10 天，如果水不见肥，则应追施肥料，也可施用发酵的鸡粪汁。务必早肥水，降低池水透明度，防止池底生长绿色水生植物。培养池水呈黄绿色或黄褐色，透明度为 30 ~ 40 厘米。

三、苗种放养

1. 放养时间

(1) 菲律宾蛤仔　放苗时间在 3 月下旬至 4 月上、中旬。应在进水消毒半月后放苗。

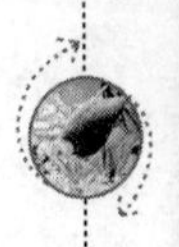

（2）中国对虾　放苗时间在4月上、中旬（水温稳定在14℃以上）。为了放养苗种安全，减少病毒感染机会，最好应选用在3月放苗暂养虾苗（利用塑料大棚早放苗，养大虾）。

（3）梭子蟹　放苗时间在5月中旬前后。

（4）日本对虾　放苗时间在7月中旬前后。

2. 放苗密度

（1）贝苗　每亩投放5 000粒左右。

（2）中国对虾苗　每亩放养5 000～6 000尾。

（3）梭子蟹苗　放苗密度通常可按全池水面3 000～5 000只/亩。要把蟹苗集中投放到事先准备好的几十平方米的网子围栏中，集中投喂。

（4）日本对虾苗　在7月中旬撤掉虾蟹之间的隔网后，按全池面积每亩放养7 000尾。

3. 选择苗种注意事项

（1）贝苗　有张口、有腥臭气、个体大小差别大、有杂质的个体，是劣质苗，不能选用。放苗时，在盖网的贝台上均匀撒播。

（2）中国对虾苗　“黄海1号”优质健康苗种，体长0.7～1.0厘米。选择具有省级苗种生产资质的对虾育苗场生产的优质健康苗种。购苗时，要看虾苗是否整齐，体表光洁，弹跳力强，逆水游动力好等。最好经过病毒检疫。

（3）日本对虾苗　质量要求同中国对虾。

（4）三疣梭子蟹苗　应选择有资质的育苗场。选择变态整齐、活力强、肢体完整的蟹苗放养。最好购买Ⅱ期第三天的蟹苗，这样的蟹苗运输成活率高，放入池塘中，即可蜕壳变为Ⅲ期幼蟹。

4. 苗种包装运输

（1）蛤仔苗　干运，散装，尽量要做到离水时间短，气温低，快捷新鲜。

（2）中国对虾苗　使用塑料袋带水充氧气，使用包装箱。

（3）日本对虾苗　使用塑料袋带水充氧气，使用包装箱。

（4）三疣梭子蟹苗 使用海水浸透的消过毒的稻壳，加三疣梭子蟹苗，在塑料袋中加海水充氧气，使用包装箱。

四、日常管理

1. 饵料投喂

（1）蛤仔 在进水消毒最少半月后投放苗种，靠水中浮游藻类为食，无需投喂。

（2）中国对虾 放苗后不投喂，晚间照到虾苗开始寻食，再投喂。如投喂蓝蛤可适当破碎。到5月下旬虾长达到6厘米以上，投喂蓝蛤，可不必破碎（虾可吃其体长1/10的蓝蛤），也可投喂经洗涤和高温消毒的杂鱼虾或专用的对虾配合饲料。

必须注意，各种饲料对对虾的投喂量是一个很难确定的数。这主要是因为对虾当时的存池量很难确定。主要靠养虾者在放苗后的管理中，随时认真观察虾的成长和损耗情况，尽量随时做出接近实际的估算。也可以阴天在池中设点打网进行估算。市售的配合饲料袋上多印有不同体长对虾应投喂饲料的数量。但这些多为不准确。大部分情况是照此投下去，都偏高，浪费饲料，造成虾池污染。对虾对饲料的实际需要，受复杂因素的影响，如天气、水质、蜕皮、水温等，所以，以上所列的投喂数据仅供参考，或可做生产计划时使用。实际投喂量主要是靠设置饲料台，在饲料台上投放一定比例的饲料（5~10亩小池占1%），观察是否有剩余为准，也可以观察投喂后虾胃肠的饱满程度。

（3）梭子蟹 刚购进的Ⅱ期后期梭子蟹苗，可投喂适当破碎的小蓝蛤。过1~2天全部变态为Ⅲ期时，小蓝蛤可不破碎直接投喂。蓝蛤的投喂量比较好掌握，即使多投了一点，也不会造成水质污染，只是有点争氧。集中暂养的三疣梭子蟹小苗至长到Ⅴ期时，如发现密度较大（即成活率较高），应及时向1/3大水面散放，避免拥挤造成缺氧或病害死亡。梭子蟹暂养到Ⅴ期，一般成活率可达60%。养成过程中，三疣梭子蟹的饲料以蓝蛤和鲜杂鱼

为主，要保持鲜活饲料充足，防止缺饲料造成自相残食。水温低于13℃或高于32℃时，减少投喂量，8℃以下停止投喂。

（4）日本对虾 7月份放养日本对虾小苗，不单独为其投饲，吃池内基础生物饵料或与大的虾蟹共食。

2. 水质管理

（1）添换水 进入6月份，水温渐高，水位渐低，开始先补充水。通过闸门滤水网，小心进水，逐渐添满水池。之后，再开始小量换水。在进入高温期，7月中旬后，特别是8月份至9月上旬，要加大换水量。暴雨后，要及时排淡，添换新水。要使水的透明度保持在30～40厘米。

（2）施放有益菌 如芽孢杆菌、光合细菌，各种复合的有益微生物。按使用说明书向池中泼洒。这类有益微生物能降解池底污物，缓解池底的老化过程。但要选择信誉好、货真价实的产品。

（3）捞除漂浮物 在池的下风边角，积存漂浮物，应及时捞除。这些有机物杂质在池内日久，会败坏水质。

3. 药物防治

（1）定期选用药饵 在进入6月份，水温逐渐升高，特别是水温在30℃以上，进入疾病高发期时，每半月在饲料中拌入允许使用的药物。如每千克饲料用土霉素或大蒜素1～2克以及中草药等抗病毒药物。需用生鸡蛋在水中搅匀做黏合包衣剂。当天拌好晒干，半月一次，每次连喂5天。

（2）定期进行池水消毒 每10天在池中每立方米水体使用2克漂白粉或聚维酮碘0.2毫升，全池泼洒均匀（有条件可用增氧机搅水）。这样可以控制池水中有害细菌的传播。但要与在水中使用的有益菌相隔一定时间使用。

（3）其他 发现三疣梭子蟹蜕不下壳，可能孳生聚缩虫，使用市售“纤毛虫速灭”或“蟹安”等药物治疗。按说明书使用。

4. 巡池检查

经常巡池，检查堤坝、闸门有无漏洞，虾蟹活动情况，蜕皮情况，池内有无较大害鱼等。如有较大害鱼，即应检查闸门滤水网有无破损，并进行检查修复。检查有无被盗或被野生动物危害现象等。

5. 检测

每10～15天测定一次虾的体长，并观察胃肠的饱满情况，虾蟹健康情况，以判定虾、蟹生长是否正常。如不正常，应随时找出原因进行补救。对池水的理化指标，也要定期测定记录，特别是大雨过后或久旱无雨。测定水温、盐度（比重）、pH值、溶解氧、透明度等指标。根据水产养殖质量安全管理规定，认真填写水产养殖日志，做好养殖生产记录、用药记录、苗种采购记录、饲料采购记录和渔药采购记录等。

五、收获

①第一次疏收中国对虾：在中秋节前利用陷网收获。

②收梭子蟹雄蟹：在中秋节前后利用挂网，或平时在池边用捞子捕捞，可收获80%～90%。

③收获贝类：视投苗规格及生长具体情况，可在9月份中秋节前后或向后推延到11月，撤掉护网用人工挖取。

④第二次收中国对虾：进入11月开始收，利用陷网，到11月15日以前收完。

⑤收获日本对虾：时间基本上与第二次收获中国对虾差不多，利用陷网。

⑥收获梭子蟹雌蟹（少量雄蟹）：在日照沿海大雪前后收获。开闸放水，收捕，用笆子小心地笆搂，不得伤害梭子蟹，保证肢体完整，保证成活，以利贮养或鲜活上市。

六、经济效益估算

①第一次疏收中国对虾：亩产约15千克，每千克约60元，亩产值900元。

②早期雄蟹：亩产约 30 千克，每千克约 50 元，亩产值 1 500 元。

③第二次收获中国对虾：亩产约 15 千克，每千克约 80 元，亩产值 1 200 元。

④蛤仔：亩产约 250 千克，每千克约 6 元，亩产值 1 500 元。

⑤日本对虾：亩产 20 千克，每千克 100 元，亩产值 2 000 元。

⑥晚期雌雄蟹：亩产约 50 千克，每千克约 60 元，亩产值 3 000 元。

养殖 1 年，苗种、饲料、药物、网具、动力、工资、池租等生产费用每亩约为 5 000 元，亩纯收入仍可达 5 000 元左右。日照地区部分小池采用精养模式，贝类放大苗，密度大，亩产 250 ~ 350 千克，单价高达 6 元/千克。养一茬中国对虾，初冬收亲虾，成虾 80 元/千克。三疣梭子蟹密度大，每亩 5 000 ~ 6 000 只，雄蟹亩产 150 千克。总体效益达到每亩获纯利润 5 000 元。高的每亩利润达到近万元。

建议：在没有增氧条件的情况下，应控制放苗密度，保持较好的水质条件，以留有余地。此种养殖模式，风险小、易推广，但进水投饵控制病原不严格，不能从根本上控制病毒病，收益会有波动。今后的改进方向是，水和饲料的彻底消毒，并使用增氧设施。

（山东省渔业技术推广站　李鲁晶，景福涛）

海洋出版社水产养殖类图书目录

书　名	作　者
水产养殖新技术推广指导用书	
黄鳝、泥鳅高效生态养殖新技术	马达文 主编
翘嘴鲌高效生态养殖新技术	马达文 王卫民 主编
斑点叉尾鮰高效生态养殖新技术	马达文 主编
鳗鲡高效生态养殖新技术	王奇欣 主编
淡水珍珠高效生态养殖新技术	李家乐 李应森 主编
鲟鱼高效生态养殖新技术	杨德国 主编
乌鳢高效生态养殖新技术	肖光明 主编
河蟹高效生态养殖新技术	周　刚 主编
青虾高效生态养殖新技术	龚培培 邹宏海 主编
淡水小龙虾高效生态养殖新技术	唐建清 周凤健 主编
海水蟹类高效生态养殖新技术	归从时 主编
南美白对虾高效生态养殖新技术	李卓佳 主编
日本对虾高效生态养殖新技术	翁　雄 宋盛宪 何建国 等 编著
扇贝高效生态养殖新技术	杨爱国 王春生 林建国 编著
小水体养殖	赵　刚 周　剑 林　珏 主编
水生动物疾病与安全用药手册	李　清 编著
全国水产养殖主推技术	钱银龙 主编
全国水产养殖主推品种	钱银龙 主编
水产养殖系列丛书	
黄鳝养殖致富新技术与实例	王太新 著
泥鳅养殖致富新技术与实例	王太新 编著
淡水小龙虾（克氏原螯虾）健康养殖实用新技术	梁宗林 孙骥 陈士海 编著
罗非鱼健康养殖实用新技术	朱华平 卢迈新 黄樟翰 编著
河蟹健康养殖实用新技术	郑忠明 李晓东 陆开宏 等 编著

黄颡鱼健康养殖实用新技术	刘寒文 雷传松 编著
香鱼健康养殖实用新技术	李明云 著
淡水优良新品种健康养殖大全	付佩胜 轩子群 刘芳 等 编著
鲍健康养殖实用新技术	李霞 王琦 刘明清 等 编著
鲑鳟、鲟鱼健康养殖实用新技术	毛洪顺 主编
金鲳鱼（卵形鲳鲹）工厂化育苗与规模化快速养殖技术	古群红 宋盛宪 梁国平 编著
刺参健康增养殖实用新技术	常亚青 于金海 马悦欣 编著
对虾健康养殖实用新技术	宋盛宪 李色东 翁雄 等 编著
半滑舌鳎健康养殖实用新技术	田相利 张美昭 张志勇 等 编著
海参健康养殖技术（第2版）	于东祥 孙慧玲 陈四清 等 编著
海水工厂化高效养殖体系构建工程技术	曲克明 杜守恩 编著
饲料用虫养殖新技术与高效应用实例	王太新 编著
龟鳖高效养殖技术图解与实例	章剑 著
石蛙高效养殖新技术与实例	徐鹏飞 叶再圆 编著
泥鳅高效养殖技术图解与实例	王太新 编著
黄鳝高效养殖技术图解与实例	王太新 著
淡水小龙虾高效养殖技术图解与实例	陈昌福 陈萱编 著
龟鳖病害防治黄金手册	章　剑 王保良 著
海水养殖鱼类疾病与防治手册	战文斌 绳秀珍 编著
淡水养殖鱼类疾病与防治手册	陈昌福 陈萱编 著
对虾健康养殖问答（第2版）	徐实怀 宋盛宪 编著
河蟹高效生态养殖问答与图解	李应森 王武 编著
王太新黄鳝养殖100问	王太新 著